Bau und Funktion der Fächertracheen einiger Spinnen.

Inaugural-Dissertation
zur Erlangung der Doktorwürde
der Hohen Philosophischen Fakultät
der Universität Leipzig

vorgelegt von

Alfred Kästner
aus Leipzig.

Springer-Verlag Berlin Heidelberg GmbH
1929

ISBN 978-3-662-39247-8 ISBN 978-3-662-40262-7 (eBook)
DOI 10.1007/978-3-662-40262-7

Angenommen von der
Mathematisch-Naturwissenschaftlichen Abteilung der Philosophischen Fakultät
auf Grund der Gutachten der Herren
Meisenheimer und Ruhland

Leipzig, den 10. Mai 1928

Zade
d. Z. Dekan der Mathematisch-Naturwissenschaftlichen
Abteilung der Philosophischen Fakultät

Sonderabdruck aus
Zeitschrift für Morphologie und Ökologie der Tiere, Band 13 Heft 3/4

Meinen lieben Eltern

in Dankbarkeit gewidmet

Inhaltsübersicht.

Die Fächertracheen der Araneen besitzen für den vergleichenden Anatomen und den Phyletiker ein erhöhtes Interesse. Demzufolge sind auch eine große Anzahl Arbeiten erschienen, die sich mit ihnen beschäftigen. Trotzdem besitzen wir weder eine wirkliche Monographie des Organes noch eine vergleichend-anatomisch angelegte Untersuchung. Ja nicht einmal das grobe Bauschema der Organe ist wirklich zur Kenntnis des Nichtspezialisten gelangt. Wenigstens fand ich in fast allen Lehr- und Handbüchern entweder eine ganz falsche oder eine unklare Beschreibung des Organes. Der Grund dazu liegt in folgenden Tatsachen: Alle Forscher, die mit Totalpräparaten gearbeitet haben, geben den Bau des Organes im wesentlichen richtig an (Menge 1843, Leuckart 1849, Blanchard 1852, Bertkau 1872, Schneider 1891, Hansen 1904, Purcell 1909). Dagegen haben alle Bearbeiter, die sich ausschließlich der Schnittmethode bedient haben, eine ganz falsche Beschreibung geliefert, die indes die histologischen Tatsachen richtig angab (Mac Leod 1884, Berteaux 1889). Da die vorzügliche Arbeit Scheiders in einer sehr seltenen Zeitschrift veröffentlicht worden ist, und die ebenfalls ausgezeichneten Bemerkungen Purcells sich in einer embryologischen Arbeit finden, sind nur die falschen Beschreibungen in die Literatur gelangt. Unglücklicherweise haben gerade sie als Grundlage für die Vergleichung der *Limulus*-Kiemen mit den Spinnenlungen gedient. Selbst in der scharf durchdachten Arbeit von VERSLUYS und DEMOLL, der ein ganz besonders intensives und gründliches Literaturstudium und viele Nachprüfungen vorausgegangen sind, finden wir eine ganz irrige Vorstellung vom Bau der Lungen. Die Schuld daran trägt nur die Tatsache, daß zufällig die besten Arbeiten wenig bekannt sind, und die neueste Arbeit (HALLER 1913), wie schon KASSIANOW erwähnt, mit Irrtümern und grundlegenden Fehlern schwer belastet ist. (Ich nehme im Text keinen Bezug auf sie, da fast alles, was sie enthält, der Korrektur bedarf. So beschreibt HALLER in ihr den First der Epigastralspalte als eine Trachee, die den Körper in der Querrichtung durchsetze. Er nimmt drei Paar hintereinanderliegende Tracheen aus vergleichend-anatomischen Gründen an, obwohl durch mehrere ontogenetische Arbeiten längst die Verschiebung des 3. Abdominalsegmentes der meisten Dipneumones bekannt war, usw.)

Aus diesen Gründen bin ich meinem verehrten Lehrer, Herrn Prof. Dr. MEISENHEIMER sehr dankbar, daß er mir erlaubte, eine vergleichend-anatomische Arbeit über diese Organe als Thema meiner Dissertation zu wählen. Die Arbeit ist vom Beginn des Wintersemesters 1925 bis Ende des Wintersemesters 1927 im Zoologischen Institut der Universität Leipzig angefertigt worden. Ich schulde Herrn Prof. Dr. MEISENHEIMER nicht nur für die Überlassung eines Arbeitsplatzes, sondern auch für das liebenswürdige Interesse, das er jederzeit meiner Arbeit entgegengebracht hat, großen Dank. Herr Prof. Dr. GERHARDT (Halle a. d. S.) stellte mir eine Anzahl lebende große Arten für Beobachtungen zur Verfügung, wofür ich ihm auch an dieser Stelle herzlich danken möchte. Herrn ALEXANDER REICHERT aber bin ich sehr zu Dank verpflichtet für zahlreiche zeichentechnische Winke.

Material.

Aranea diadema LIN., *Segestria senoculata* LIN. und *Meta reticulata* LIN. (*segmentata* CLERCK) sammelte ich in Nadelwäldern. Herrn Dr. SCHENKEL (Basel) bin ich außerordentlich verpflichtet für eine Sendung mit lebenden und mehreren vorzüglich konservierten Weibchen von *Atypus piceus* SULZER, die für meine Arbeit von großer Wichtigkeit waren. Herr Prof. Dr. ERICH HESSE war so liebenswürdig, mir ein Exemplar der seltenen und wichtigen *Caponia capensis* PURCELL aus den Beständen des Berliner Museums zu überlassen. Herr Prof. Dr. MEISENHEIMER überließ mir gütigst einige *Eurypelma*, eine *Chaetopelma*, eine *Nephila*, *Olios* (?) und *Telyphonus caudatus* aus der Leipziger Sammlung. Allen genannten Herren sage ich auch hier meinen herzlichsten Dank für ihre liebenswürdige Hilfe.

Methode.

Die zum Schneiden bestimmten Tiere wurden 6—8 Stunden in CARNOYscher Flüssigkeit oder 12 Stunden in Formol-Alkohol-Eisessig fixiert. Beide Mittel lieferten gute Ergebnisse, wenn die Spinnen etwas angeschnitten worden waren. Die Erweichung des Chitins erfolgte in Alkohol 100% +6%ige Salpetersäure (6 Tage) und weiterfolgender 6tägiger Behandlung mit Seifenspiritus. Die Einbettung erfolgte in Nelkenöl-Celloidin-Paraffin, auf das mich Herr Prof. Dr. WAGLER liebenswürdigerweise aufmerksam machte. (Aus dem absoluten Alkohol 2—4 Tage in eine Lösung von gleichen Teilen Nelkenöl und in Äther gelöstem 2%igen Celloidin. Hierauf 6 Stunden in Chloroform. Danach 2—3 Stunden in Chloroformparaffin und 4 Stunden in Paraffin.) Das Schneiden der auf diese Weise eingebetteten Objekte gelang sehr gut, wenn die Tiere nicht trächtig waren. Im letzteren Falle wurde zum Teil das stark angeschwollene Ovarium vor dem Einbetten des Tieres herauspräpariert. Manchmal konnte ich auch schon mit Hilfe von Mastixkollodium brauchbare Schnitte erhalten. Die Färbung der Schnitte erfolgte in Hämatoxylin nach DELAFIELD. Als Gegenfarbe wählte ich Erythrosin, da Orange G etwas verschwommene Bilder gab. Zur Färbung von Bindegewebe wurde die MALLORY-Färbung gewählt. Bei Anwendung des von H. GEIDIES veröffentlichten Verfahrens (Mikrosk. f. Naturfreunde V. Jg., 1927, H. 2, S. 46), erhielt ich vorzügliche Bilder, die sich sowohl als Übersichtspräparate, wie auch besonders zum Studium feiner Chitinbildungen, die mit anderen Färbungen meist kaum erkannt werden können, eignen. Die zur Untersuchung der Muskulatur ausgeführten Sektionen wurden an fixierten Tieren vorgenommen, die 2—3 Tage in Ammoniakalkohol eingelegt worden waren.

I. Anatomie.

SPEZIELLER TEIL.

1. *Aranea diadema* LIN.

Aranea diadema LIN. besitzt wie die Mehrzahl der deutschen Spinnen ein Paar Fächertracheen und zwei Paar Röhrentracheen. Die ersteren stellen stattliche Organe dar, die im vorderen Abschnitt des Hinterleibes liegen und hier auch münden (Abb. 1). Im Gegensatz dazu besitzen die Röhrentracheen einen sehr geringen Durchmesser und münden durch ein winziges gemeinsames Stigma aus, das sehr schwer erkennbar ist und kurz vor den Spinnwarzen liegt (Abb. 1). Bau und Verlauf der Tracheen im Körper sind von LAMY einwandfrei und klar dargelegt worden. Wir wenden unsere Aufmerksamkeit deshalb allein den Fächertracheen zu.

Die Lungendeckel.

Auf dem Vorderabschnitt der Bauchfläche der Kreuzspinne liegen zwei schildförmige Chitinplatten, die sich durch Farbe und Struktur stark von dem umgebenden Integument abheben, so daß sie auch dem unbewaffneten Auge erkennbar sind (Abb. 1, 2). Sie geben ein ungefähres Bild von der Lage der Fächertracheen, die direkt unter ihnen liegen und in der Hauptsache nur nach vorn über sie hinausragen (Abb. 3). Diese Lungendeckel zeigen, abweichend von der sonstigen Körperbedekkung, keinerlei Behaarung. Lateral werden sie begrenzt von den Anheftungspunkten einiger Muskeln (Abb. 2). Nach der Körpermitte zu gehen sie mit welligem Rande in die normale Kutikula über, gegen die sich ihre feinnarbige Oberflächenstruktur deutlich abhebt. Jeder Lungendeckel zeigt eine Anzahl paralleler dunkler Streifen, die quer zur Längsachse des Körpers verlaufen, und deren Zahl und Form individuellen Schwankungen unterworfen ist. Die Gebilde ziehen vom medialen Rande aus quer über den Deckel hinweg. Sie erreichen jedoch dabei nicht den gegenüberliegenden Rand, ja die hinteren gelangen kaum bis zur Mitte.

Die Streifen sind nun nur die äußere Erscheinungsform von Rippen, die sich auf der dem Körperinneren zugewandten Seite des Lungendeckels erheben (Abb. 8, 14). Sie sind aus Einfaltungen der Hypodermis entstanden, an denen sich alle Schichten des Chitins beteiligen. Man sieht dies besonders gut an Präparaten, die nach MALLORY gefärbt worden sind. Hier ist die Außenschicht des Chitins orange, die Innenschicht dagegen leuchtend hellblau gefärbt, und außerdem sind die Lamellen jeder der Schichten noch besonders gut zu erkennen. Die beiden Schenkel jeder Falte liegen eng aneinander, so daß solide Rippen ohne Hohlräume entstehen.

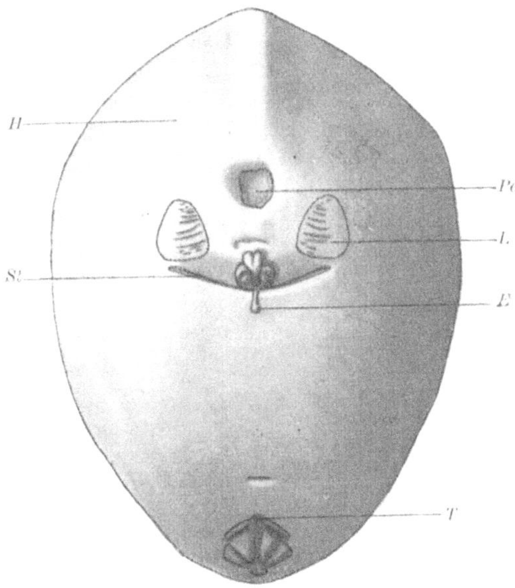

Abb. 1. *Aranea diadema* LIN. ♀. Hinterleib von unten gesehen. 7 × vergr. E = Epigyne, davor als Grübchen sichtbar der Insertionspunkt der Muskeln 4 und 5; H = der über die Kopfbrust nach vorn vorgewölbte Teil des Hinterleibes (vgl. Abb. 13); L = Lungendeckel; Pe = Öffnung, durch die der Stiel in den Hinterleib einmündet; St = Stigmenteil der Epigastralspalte; T = Tracheenstigma.

Die Hypodermis des Lungendeckels besteht aus einem meist deutlich ausgesprochenen Zylinderepithel, dessen Zellgrenzen allerdings nur undeutlich sichtbar sind (Abb. 14, S. 479). Die Kerne sind elliptisch. An der Basis der Zellen sind oft dunkle Pigmentkörnchen angehäuft. Eine Basalmembran ist vorhanden und wird von der MALLORY-Färbung wenigstens an manchen Stellen leuchtend blau gefärbt. Scharfausgesprochene Unterschiede gegen die Hypodermis anderer Körperstellen finden sich nicht.

Die Stigmen.

Hinter den Lungendeckeln zieht ein Spalt quer über die ganze Bauchfläche (Abb. 1, 2). Dieser Spalt, die Epigastralfurche (Interpulmonarspalte), gliedert sich in zwei gleichartige Seitenteile und einen dazwischen liegenden Mittelteil. Die ersteren stellen die Stigmen dar, während der von ihnen eingeschlossene Teil die äußere Geschlechtsöffnung bildet. Diese Abschnitte gehen ohne klare Abgrenzung ineinander über, stellen also einen einheitlichen Schlitz dar. Äußere Unterschiede zwischen den einzelnen Teilen zeigen sich nur darin, daß der Mittelteil der Falte fest zugekniffen ist, während die Stigmen deutlich als schmale Schlitze auffallen, die von innen her durch eine helle Haut abgeschlossen sind. Wir haben in ihnen also nicht streng abgeschlossene Organe im Sinne des

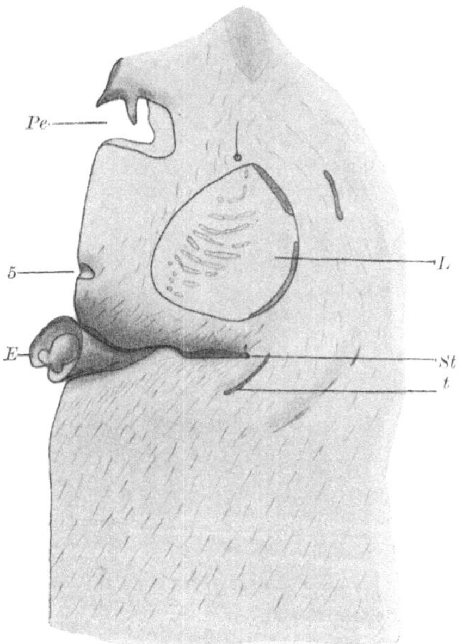

Abb. 2.

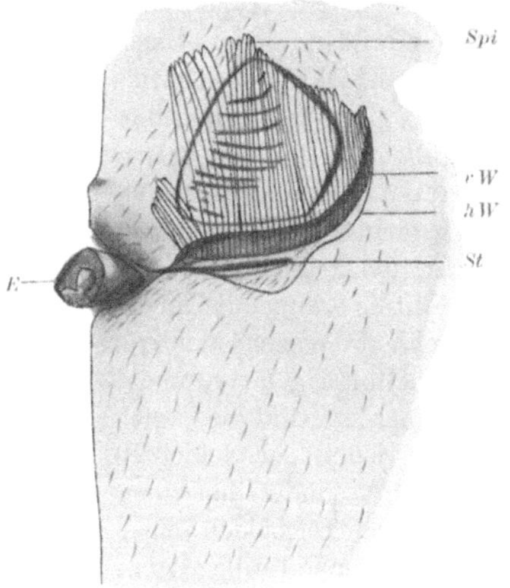

Abb. 3.

Abb. 2. *Aranea diadema* LIN. ♀. Die Umgebung des linken Lungendeckels in einer Ebene ausgebreitet. 21 × vergr. *E* = Epigyne, zerschnitten, um die darin verborgenen Receptacula seminis zu zeigen; *L* = Lungendeckel; *Pe* = Mündung des Stieles in den Hinterleib; *St* = Stigma; *5* Insertionsstelle der Muskeln 4 und 5; *t* = Anheftungsstelle des Entochondriten *t*.

Abb. 3. Dasselbe durchsichtig gedacht, mit eingezeichneter Fächertrachee. Kalilaugepräparat. 21 × vergr. *E* = angeschnittene Epigyne; *hW* = die weit nach hinten gebogene Hinterwand des Atemvorhofes (vgl. Abb. 4); *Spi* = Spitzen der Lungentaschen; *St* = Stigma; *vW* = die gefensterte Vorderwand des Atemvorhofes.

Insektenstigmas vor uns. Vergleichbare Bildungen finden wir vielmehr nur innerhalb der Klasse der Arachniden bei den *Pedipalpi*. Hier münden Lungen und Geschlechtsorgane durch einen ähnlichen Querspalt, der von der nach innen eingesenkten Gelenkhaut zwischen 2. und 3. Hinterleibssternit gebildet wird. Dieselben Verhältnisse zeigen die primitivsten der noch lebenden Araneen, die Liphistiidae, deren Hinterleib noch deutlich segmentiert ist.

Während das Stigma also medialwärts ohne Grenze in die Genitalspalte übergeht, wird es lateral durch eine etwa halbkreisförmige Spange begrenzt.

Der feinere Bau des Stigmas und sein Schließmechanismus wird uns am besten an Hand eines Querschnittes (Längsschnittes durch das ganze Tier) klar (Abb. 4). Wir sehen darauf, daß sein Vorderrand eine scharfe vorspringende Kante mit verstärkter Kutikula bildet. Im Gegensatz dazu zieht an seinem Hinterrand das Integument zunächst unverändert ins Innere des Körpers. Erst nach einer gewissen Strecke verliert es seine Rillung und wird glatt und leicht faltbar. Dieser Teil legt sich nun von hinten und innen an die scharfe Vorderkante an, so einen Verschluß des Stigmas bewirkend (in Abb. 4 ist das Stigma geöffnet!). Durch einen Muskel kann diese das Stigma schließende Haut zurückgezogen und so das Stigma geöffnet werden, während der Vorderrand unverändert bleibt (vgl. S. 541 ff. und S. 545).

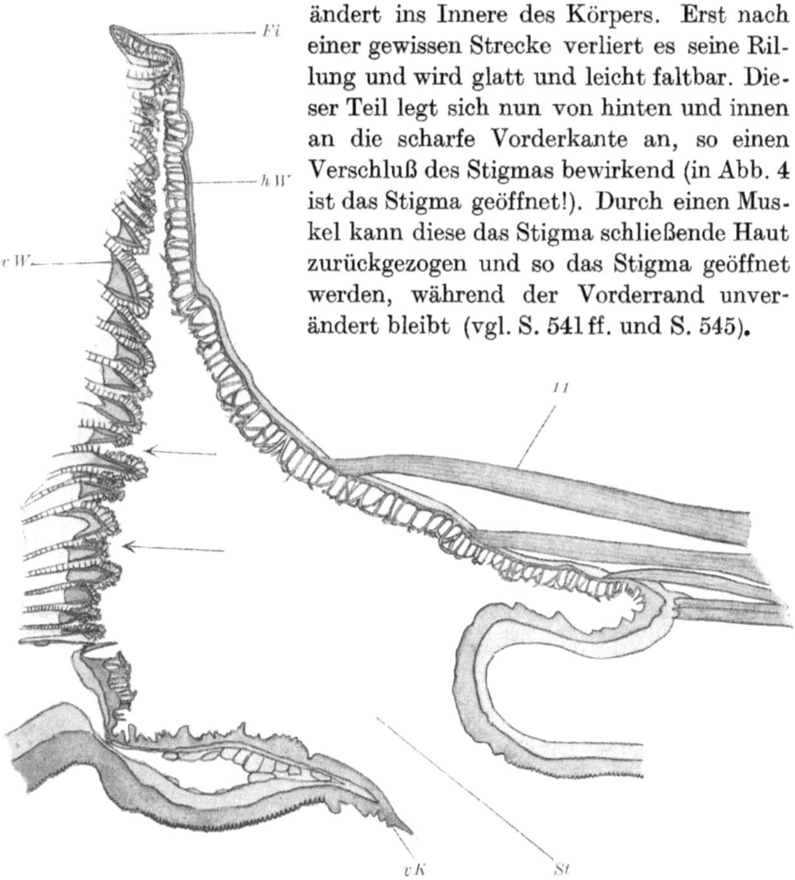

Abb. 4. *Aranea diadema* LIN. ♀. Querschnitt durch das Stigma der Fächertrachee (Ausschnitt aus einem Längsschnitt durch das ganze Tier). 132 × vergr. *Fi* = First des Atemvorhofes; *hW* = Hinterwand des Vorhofes; *St* = Stigmenöffnung; *vK* = Vorderkante des Stigmas; *vW* = Vorderwand des Atemvorhofes; *11* Stigmenöffner. Die Pfeile weisen in die Eingänge der Atemtaschen.

Der Vorhof.

Die Epigastralspalte ist nur der äußere Ausdruck einer tiefen taschenförmigen Einstülpung des Integumentes, die von der Bauchfläche aus senkrecht ins Innere des Körpers eindringt. Sie bildet eine senkrecht gestellte Falte im Körperinneren, die wie eine Querwand den vorderen Teil des Bauchinneren von dem hinteren ventral trennt (Abb. 5). Sie folgt der Form des Körpers, indem sie sich an den Körperseiten parallel zu diesen nach oben biegt und erhält so die Form einer Mondsichel. Der Hauptteil derselben steht durch die Epigastralspalte mit der Außenwelt in offener Verbindung; die Seitenteile aber, die „Hörner" der Mondsichel, ragen über die Stigmen seitlich hinaus, stellen also geschlossene blinde Einstülpungen dar, die sich vom lateralen Stigmenwinkel aus in den Körper hineinziehen und nur indirekt nach außen münden (Abb. 5). Das blinde Ende dieser Teile biegt aus der vertikalen in die horizontale Lage um.

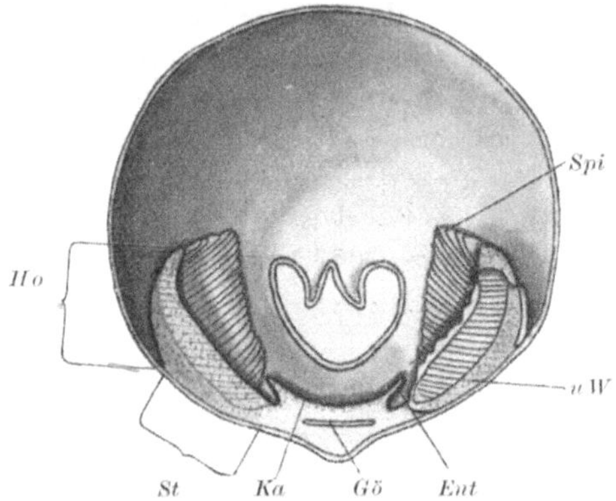

Abb. 5. *Attus sp.* Die Fächertracheen (Kalilaugepräparat). Das Tier ist hinter den Fächertracheen senkrecht durchschnitten worden. Man blickt von hinten in die vordere Hälfte des Hinterleibes hinein. Im Grunde derselben sieht man die herzförmige Öffnung, durch die das Innere des Hinterleibes in den Stiel einmündet. Auf der rechten Seite ist die hintere Vorhofwand aufgeschnitten worden, links dagegen ist sie am Platze geblieben, und man sieht hier die gefensterte Vorderwand des Vorhofes nur schwach durch sie hindurchschimmern. Nach PURCELL. *Ent*=rechte Entapophyse; *Gö*=innere Geschlechtsöffnung; *Ho*=Horn; *Ka* = der unter dem First des mittleren Vorhofabschnittes verlaufende Kanal (punktiert); *Spi* = Spitze der Lungentaschen; *St* = Stigma; *u W* = Unterwand des Vorhofes.

Der eben beschriebene Vorhof zerfällt ähnlich wie seine Ausmündung, die Epigastralspalte, in einen Mittel- und zwei Seitenteile.

Der Mittelteil empfängt auf seiner Vorderwand die Mündung des unpaaren Geschlechtsausfuhrganges. Seitlich bildet er auf seiner Oberkante bei vielen Spinnen jederseits einen nach hinten geneigten, tiefer ins Innere des Körpers ragenden Zipfel aus, dessen Hohlraum in offener Verbindung mit dem Vorhof steht (Abb. 5). Diese beiden Ausstülpungen des Vorhoffirstes stellen Entapophysen dar, die eine wichtige Rolle als Muskelanheftungspunkte spielen. (Sie sind bei *Aranea diadema* nicht zipfelförmig entwickelt.) Vorder- und Hinterwand des Genitalvorhofes liegen sehr dicht aneinander, so daß die Epigastralspalte von außen als fest zugekniffener Spalt erscheint (Abb. 6). Indes weichen die Wände dorsal, wo sie zusammenstoßen, um den First des Genitalvorhofes zu bilden, etwas auseinander und bilden einen runden Kanal. Dieser weist an seinen Wänden feine Chitinstacheln auf, die sein Zusammenfallen verhindern. Er bildet also ein stets offenes, kleines Rohr, das beide Atemvorhöfe miteinander verbindet.

Die Seitenteile des Vorhofes empfangen die Mündungen der Atemtaschen. Ich bezeichne sie deshalb als Atemvorhöfe. Jeder Atemvorhof mündet nur zum Teil direkt durch das Stigma aus, da sich sein lateraler Teil, wie schon erwähnt, seitlich über das Stigma hinaus als blinde Einstülpung (das Horn) in den Körper fortsetzt (Abb. 5).

Betrachten wir nun zunächst den direkt nach außen mündenden Teil an Hand eines Querschnittes (Längsschnitt durch die Spinne!) genauer (Abb. 4, 8). Er besitzt drei Wände: eine untere, eine hintere und eine vordere. Vorder- und Hinterwand stoßen dorsal mit einem spitzen Winkel zusammen und bilden so den First des Vorhofes. Die Hinterwand senkt sich als Hinterrand des Stigmas, zunächst wie die normale Kutikula des Körpers gestaltet, in den Körper ein. Bald aber ändert sich ihr Aussehen, indem sich ihre Rillen und Haare verlieren, und sie etwa den Charakter einer Gelenkhaut annimmt, die sich für gewöhnlich von hinten auf die Unterwand des Vorhofes legt und so das Stigma schließt, wie es schon geschildert wurde. Am Ende dieser Zone setzen sich eine Anzahl Muskeln an, die durch ihren Zug die Hinterwand zurückreißen können und dadurch das Stigma öffnen (Abb. 4). Noch im Bereiche ihrer Ansatzstellen verschmälert sich die Kutikula zu einem ganz zarten Häutchen, das zahlreiche Säulen aus Chitin trägt. Jede dieser Säulen teilt sich am Ende in mehrere Äste, die sich bogenförmig mit denen der Nachbarsäulen verbinden, wie es BERTEAUX so schön darstellt. Auf diese Weise entsteht über der eigentlichen Wandung eine zweite zarte, von unzähligen Maschen durchbrochene Netzwand. Auf die Bedeutung derselben komme ich weiter unten zu sprechen.

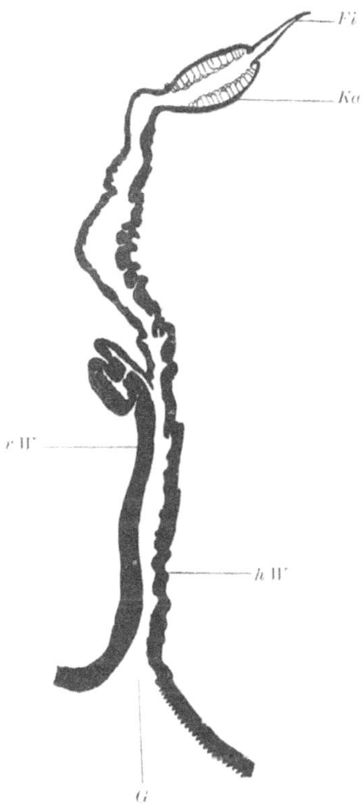

Abb. 6. *Aranea diadema* LIN. ♀. Querschnitt durch die Epigastralspalte in der Genitalzone (Ausschnitt aus einem Längsschnitt durch das ganze Tier). Nur die Kutikula ist gezeichnet worden. Leicht vereinfacht. 102 × vergr. *Fi* First des Vorhofes; *G*=Genitalspalte; *hW*=Hinterwand des Vorhofes; *Ka* = Kanal; *vW*= Vorderwand des Vorhofes.

Die Unterwand des Vorhofes wird von dem umgeschlagenen Rand der scharfen Vorderkante des Stigmas gebildet. Sie ist sehr kurz und bisher nur von HANSEN und SOERENSEN (1904) und PURCELL erwähnt worden.

Am kompliziertesten ist nun die Vorderwand beschaffen. Sie steht fast senkrecht auf der Unterwand und wird von zahlreichen schmalen, parallelen Spalten ofenrostartig durchbrochen (Abb. 4, 5, 7, 8, 10). Die Spalten stehen ebenso wie die zwischen ihnen befindlichen Pfeiler etwa parallel zur Bauchfläche des Tieres. Ihre Zahl beträgt bei trächtigen

Weibchen oft mehr als 100 auf jeder Körperseite (Abb. 8). Die Ränder der Spalten sind ähnlich wie die Vorhofhinterwand dicht besetzt mit zahlreichen Chitinbäumchen.

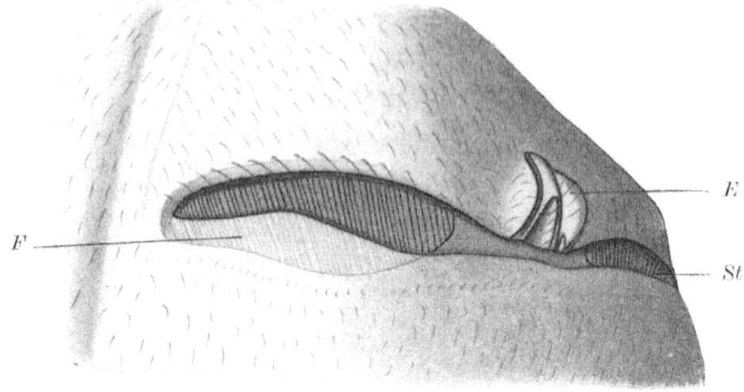

Abb. 7. Sparasside (OLIOS) ♀. Der vordere Teil des Hinterleibes von der Seite und von unten gesehen. Die Epigyne zeigt die Mittellinie des Bauches an. Die Epigastralspalte ist gewaltsam nach hinten aufgezogen worden. Dadurch ist die unbehaarte Hinterwand des Vorhofes z. T. nach außen zu liegen gekommen. Ihre Grenze gegen die Bauchhaut wird durch die Behaarung der letzteren angegeben. Schwach vergr. *E* = Epigyne; *F* = die Fenster der vorderen Vorhofwand, durch die hintere hindurchschimmernd; *St* = Stigmenöffnung der linken Fächertrachee, ebenfalls geöffnet, um die Vorhoffenster zu zeigen.

Wir kommen nun zur Besprechung des blind endenden lateralen Vorhofteiles, des „Hornes". Seine Wände stellen die direkte, in keinerlei

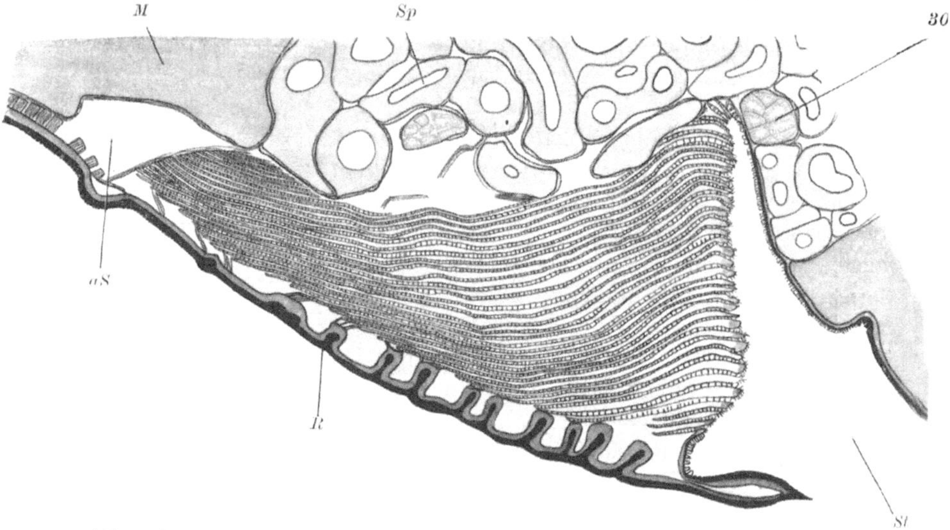

Abb. 8. *Aranea diadema* LIN. ♀. Längsschnitt durch die Lunge. Aus zeichentechnischen Gründen konnten nicht alle getroffenen Atemtaschen eingezeichnet werden. 60 × vergr. *aS* = Abführender Sinus; *M* = Mitteldarmdrüse; *R* = Rippen des Lungendeckels; *Sp* = Spinndrüsen, darunter Muskel 8; *St* = Stigma; *30* Quermuskel hinter dem Vorhoffirst.

Weise unterbrochene Fortsetzung der Wandungen des eben besprochenen Vorhofteiles dar, mit denen sie ja eine morphologische Einheit bilden.

Nur können sie sich hier natürlich nicht mehr an die Stigmenränder ansetzen, sondern die Hinterwand heftet sich an die Hinterkante der Unterwand an, so daß ein geschlossener Raum von dreieckigem Querschnitt entsteht, der sich von dem nach außen mündenden Vorhofteil nur dadurch unterscheidet, daß er eben unten geschlossen ist (Abb. 5). Die Bäumchen seiner Hinterwand sind meist besonders hoch. Unser Vorhofabschnitt biegt nach und nach in die horizontale Lage ein, wird schmäler und endigt schließlich blind. Eine gewisse Strecke vor dem Ende hört die Fensterung seiner Vorderwand auf.

Die Lungentaschen.

Die parallelen, schlitzförmigen Fenster, die die Vorderwand des Vorhofes durchbrechen, sind die Eingänge in zahlreiche flache Chitintaschen, die von hier aus als flache Einstülpungen fast horizontal ins Innere des Körpers ragen (Abb. 3, 5, 8). Ihre Länge ist verschieden, indem vom obersten Teil des Vorhofes (Horn) kurze Atemtaschen ausgehen, während die weiter unten ihren Ursprung nehmenden ständig an Länge zunehmen, so daß sie schließlich die Stirnwand des Hinterleibes erreichen (Abb. 3, 5, 8). Erst die nahe dem medialen Ende des Stigmas entspringenden Sacculi sind wieder kürzer. Jede Atemtasche wird von einem flachen Chitinsäckchen von etwa dreieckiger Form gebildet (Abb. 9). Wir können daran eine obere und eine untere Wand unterscheiden, die an den langen Seiten des Dreieckes und an seiner Spitze miteinander verwachsen sind. Dagegen sind sie an der Basis des Dreieckes nicht miteinander verbunden, so daß hier die Atemtasche offen ist. Die Ränder der schmalen schlitzförmigen Öffnung sind an der vorderen Vorhofwand angewachsen und bilden deren Pfeiler, die Öffnung selbst stellt eines der Vorhoffenster dar.

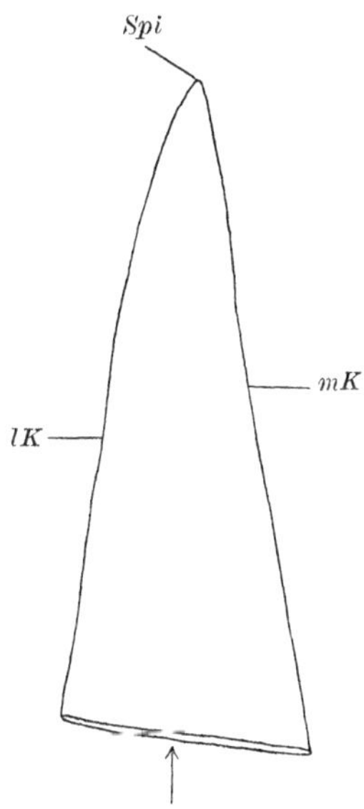

Abb. 9. *Aranea diadema* LIN. ♀. Eine Atemtasche von oben gesehen. 50 × vergr. *lK* = laterale Kante; *mK* = mediale Kante; *Spi* = Spitze. Der Pfeil zeigt in die Eingangsöffnung der Atemtasche, die einem Vorhoffenster entspricht.

Die eben beschriebenen zahlreichen flachen Chitintaschen bilden mit dem Vorhof zusammen die Fächertrachee (Lunge) der Spinne. Diese stellt also einen flachen Chitinraum dar, von dem aus zahlreiche flache Säckchen ins Innere des Körpers ziehen. Da alle diese Bildungen mit Chitin überzogen sind, müssen sie als Einstülpungen der Bauchhaut entstanden sein, wie auch die Ontogenie zeigt.

Die Atemtaschen liegen fast horizontal im Körper. Ihre obere Wand besteht aus einer sehr dünnen Chitinlamelle, die keinerlei Struktur erkennen läßt. Die Bodenwand dagegen zeigt eine Menge regellos angeordnete Chitinstiftchen, die sich senkrecht auf ihr erheben. Jedes Stiftchen besitzt einen etwas verbreiterten Sockel und endet mit einer feinen Erweiterung (Abb. 10, 11). Die Länge der Stifte ist fast überall die gleiche. Auf Totalpräparaten der Atemtaschen sieht man sie im Grundriß als dunkle Punkte, die sich über die ganze untere Wand des Sacculus ausdehnen und überall von gleicher Beschaffenheit sind. Nur die in der Nähe des in den Vorhof mündenden Schlitzes stehenden Stiftchen machen

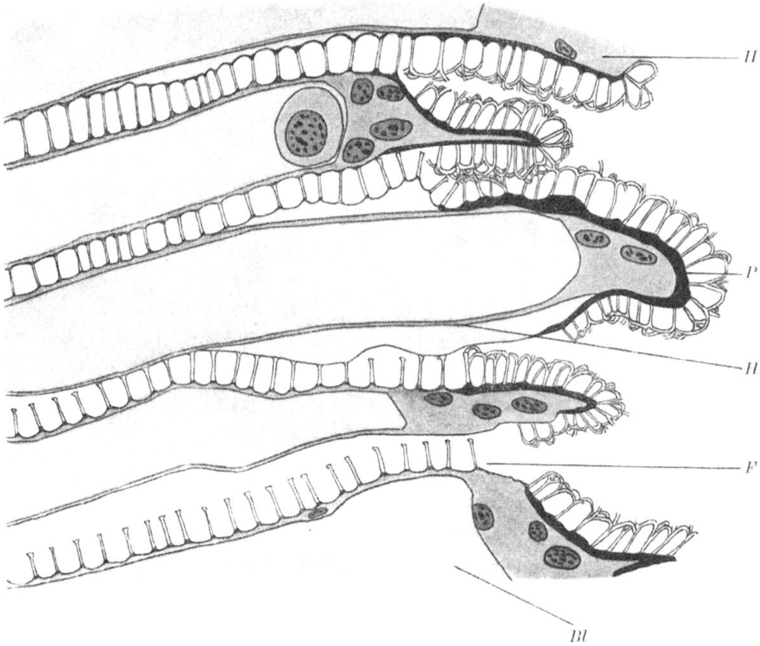

Abb. 10. *Aranea diadema* LIN. ♀. Längsschnitt durch einige Vorhoffenster stark vergrößert. Ausschnitt aus Schnitten wie Abb. 4 und 8 720 × vergr. *Bl* = Blutraum der Fächertrachee; *F* = Vorhoffenster (Eingang in die Atemtasche); *H* = Hypodermis der Atemtasche (bei *x* von der Kutikula abgelöst); *P* = Pfeiler der Vorhofwand.

eine Ausnahme, indem sie verästelt sind. Die Zweige benachbarter Säulen verbinden sich girlandenförmig, wie wir es schon bei der Besprechung der Hinterwand des Vorhofes erwähnt haben (Abb. 10). Die netzartig verflochtenen Säulchen besetzen übrigens den ganzen Pfeiler, der sich zwischen je zwei Fenstern befindet, ja sie gehen sogar ein Stück auf die oberen Wände der Sacculi über, die sonst keinerlei Bestachelung zeigen. Besonders BERTEAUX hat diese Verhältnisse sehr gründlich und genau dargestellt. Die Aufgabe der Säulchen dürfte u. a. darin bestehen, das Zusammenfallen des Lumens von Vorhof und Atemtaschen zu verhindern (siehe auch S. 549).

Unter den chitinigen Wänden der Atemtaschen liegt eine Hypodermis, die zumeist kaum sichtbar ist. Es war mir aber oft möglich, sie als klar gefärbten Streifen neben dem Chitin deutlich zu erkennen. Manchmal hatte sie sich auch von letzterem abgehoben und war nun ganz einwandfrei nachweisbar (Abb. 10, *Hx*). Sie ist im größten Teil ihres Verlaufes außerordentlich niedrig. Eine Ausnahme machen nur die Stellen, wo die Kerne liegen. Hier wölbt sie sich nämlich stark empor, die Kerne umgebend (Abb. 10, 11, 15). Die Gestalt der Letzteren ist in den einzelnen Regionen der Lungentaschen verschieden. Nahe dem Ursprung und im Mittelteil der Sacculi sind sie groß und eiförmig. Zahlreiche Chromatinkörperchen sind in ihnen sichtbar. Im Gegensatz dazu sind sie im vorderen Drittel der Atemtaschen sehr schmal und langgezogen. Der Grund ist wohl in mechanischen Ursachen zu suchen. Die Sacculi sind hier eng aufeinandergepreßt (Abb. 8). Dasselbe gilt von den obersten Atemtaschen, die vom Horn ausgehen. Auch sie sind sehr stark zusammengedrückt und ihre Kerne schmal und lang. Vielleicht haben wir hier auch die Bildungszone neuer Sacculi vor uns, die schon BERTKAU erwähnt.

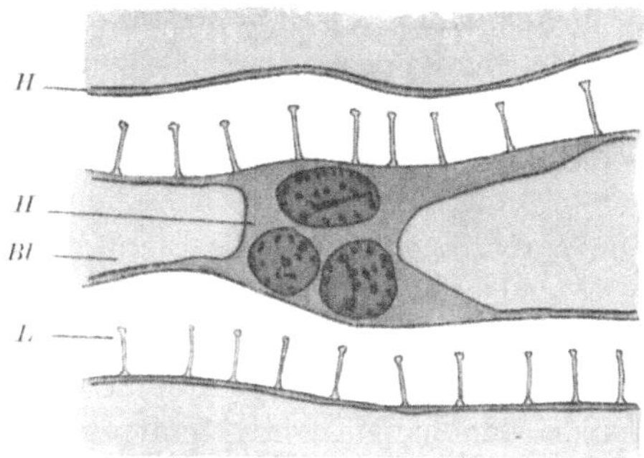

Abb. 11. *Aranea diadema* LIN. ♀. Ausschnitt aus einem Querschnitt durch zwei übereinanderliegende Atemtaschen. 800 × vergr. *Bl* = der zwischen den Atemtaschen liegende Blutraum; *H* = Hypodermis der Atemtaschen mit Kernen im Säulchen; *L* = Luftraum des Sacculus.

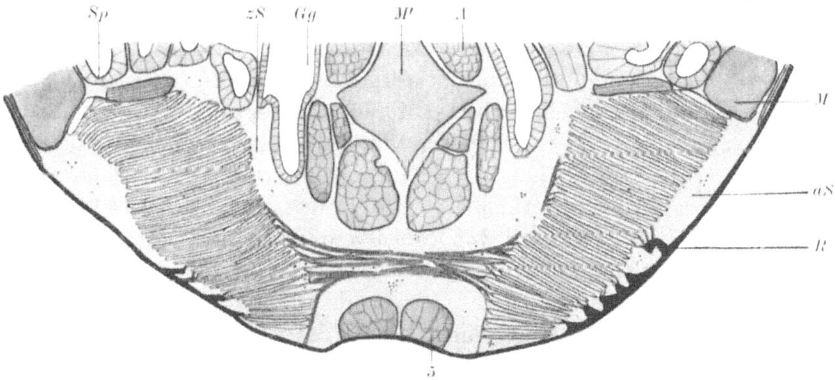

Abb. 12. *Aranea diadema* LIN. ♀. Querschnitt durch die Fächertracheen in der Gegend der Insertion des Muskels 5. Es sind viel weniger Atemtaschen eingezeichnet worden, als der Schnitt getroffen hat. 40 × vergr. *A* = Muskel A; *aS* = abführender Sinus; *Gg* = Genitalgang; *M* = Mitteldarmdrüse; *M'* = ventraler Blindschlauch der Mitteldarmdrüse; *R* = Rippe des Lungendeckels; *Sp* = Spinndrüsen, darunter Muskel 8; *zS* = zuführender Sinus; *5* Muskel 5.

Eigentümlicherweise sind die Hypodermiskerne des Bodens eines Atemsäckchens fast stets genau so angeordnet wie die Kerne der Decke des darunterliegenden Sacculus. (Eine Ausnahme machen die eng zusammengepreßten Spitzenteile der Sacculi.) Da die Lungentaschen nun eng übereinander liegen, kommen an diesen emporgewölbten Stellen die benachbarten Hypodermisschichten zur Berührung (Abb. 11, 15, 16). Sie verschmelzen dabei zu einem einheitlichen Säulchen, in dem keinerlei Grenze die Entstehung aus einem oberen und einem unteren Anteil andeutet. Innerhalb des Säulchens liegen nun zwei oder drei Kerne. (Es können aber auch einmal die Emporwölbungen der benachbarten Hypodermisschichten sich nicht entsprechen, so daß kein Zellsäulchen entsteht, sondern nur eine einfache Hypodermisanschwellung, die dann nur einen Kern enthält.) Auf diese Weise werden die zunächst voneinander unabhängig vom Atemvorhof ausgehenden Atemtaschen durch zahlreiche Zellsäulchen miteinander zu einem einheitlichen Organ verbunden. Dieses setzt sich zusammen aus vielen übereinanderliegenden niedrigen Räumen (Abb. 8, 12). Es wechseln dabei ab: 1. Chitinumkleidete Lufträume, die Lungentaschen, die nach dem Inneren des Körpers hin geschlossen sind, aber offen in den Atemvorhof einmünden; 2. Bluträume von gleicher Gestalt, die jedoch an den Seiten offen sind, also mit dem Körperinneren in freier Verbindung stehen. Ihre Wandung wird durch die Hypodermis der Lungentaschen dargestellt. Ihr niedriges Lumen wird von zahlreichen Zellsäulen durchsetzt. Nach hinten zu sind sie gegen den Vorhof abgeschlossen durch die Pfeiler der vorderen Vorhofswand (Abb. 8, 10). Sie sind also nichts anderes als Teile eines großen Blutsinus, die durch in diesen hineingestülpte Atemtaschen ohne Hinzugabe eigenen Materiales eine gewisse räumliche Abgrenzung erhalten haben.

Die geschilderten Tatsachen sind von den meisten Forschern, die ihre Arbeiten vor der Erfindung der Schnittechnik veröffentlicht haben, in den Hauptsachen richtig erkannt worden (Dugès, Blanchard, Leuckart, Bertkau). In der Zeit nach 1880 wurde nun die Schnittmethode auf die Fächertracheen angewandt, und auf Grund von Längsschnitten erwarben sich die Autoren eine genauere Kenntnis der Histologie der Lungen und eine ganz andere Auffassung ihres Baues (Berteaux, Mac Leod, Haller, Lankester). Sie meinten, eine große Atemhöhle vor sich zu haben, die sich vom Stigma aus nach vorn bis nahe zur Stirnwand des Hinterleibes erstrecke. Von der Vorderwand dieses Raumes aus sollten blutgefüllte Lamellen den Atemraum durchziehen. Tatsächlich erhält man durch Längsschnitte diesen Eindruck. Indes überzeugt man sich leicht durch Querschnitte, daß die blutführenden Lamellen keinerlei Seitenwände besitzen, also gar keine Lamellen sein können, sondern lediglich bluterfüllte Zwischenräume zwischen den Lungentaschen darstellen. Auch vermißt man auf Querschnitten und ebenso natürlich auf Totalpräparaten die Seitenwände des theoretischen großen Luftraumes, die MAC LEOD in seiner klassisch gewordenen Arbeit eingezeichnet hat (1884, Pl. I, Fig. 1). Von den neueren Arbeiten enthalten nur die von SCHNEIDER und PURCELL den wahren Sachverhalt, da diese Autoren auch Totalpräparate untersucht haben. Ferner ist in den neueren physiologischen Arbeiten wohl auf Grund des Studiums der beiden eben genannten Zoologen oft die richtige Auffassung des Aufbaues der Lungen zu finden.

Die in der Umgebung der Fächertracheen liegenden Organe.

Um die Beziehungen der Fächertracheen zu den in ihrer Umgebung liegenden Organen darlegen zu können, ist es nötig, zunächst eine kurze topographische Schilderung der letzteren zu geben. Es kommen dabei die Organe in Betracht, die in dem Raume zwischen beiden Lungen liegen, und solche, die sich oben an die Fächertracheen ansetzen. Im wesentlichen sind dies: Muskeln, Geschlechtsausfuhrgänge, Mitteldarmdrüsendivertikel, Nerven und Spinndrüsen. Auf die erstgenannten werde ich in einem späteren Kapitel genauer eingehen.

Die Geschlechtsorgane liegen im mittleren und hinteren Abschnitte des Hinterleibes und nehmen je nach dem Zustande des Tieres einen verschieden großen Raum ein.

Normalerweise erstrecken sie sich nach vorn über den Vorhof hinaus. Jedoch berühren sie ihn nicht, sondern ziehen hoch über seinem Firste hinweg. Von ihren Vorderenden entspringen die paarigen Gonodukte. Sie wenden sie sich nach unten und vereinigen sich im Raume zwischen beiden Fächertracheen zum unpaaren Uterus internus (Abb. 12, 48). Dieser zieht fast horizontal nach hinten und mündet durch einen Spalt in der Mitte der Vorderwand des Vorhofes in die Epigastralspalte (Abb. 5, 7).

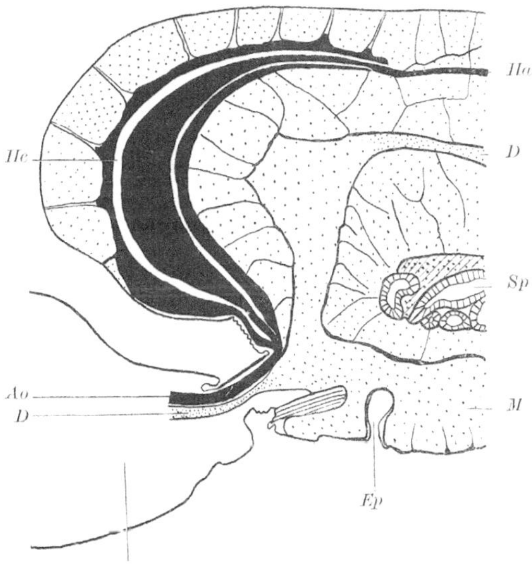

Abb. 13. *Meta reticulata* LIN. juv. Längsschnitt durch den Hinterleib in der Körpermitte. Bluträume schwarz ausgezogen, Mitteldarmdrüse punktiert. 40 × vergr. *Ao* = Kopfaorta; *C* = Cephalothorax; *D* = Darmkanal; *Ep* = Epigastralspalte; *Ha* = hintere Aorta; *He* = Herz mit umgebendem Pericardialsinus; *M* = Mitteldarmdrüse; *Sp* = Spinndrüsen.

Der Mitteldarm kommt von der Kopfbrust her als rundes Rohr durch den Stiel. Kurz hinter seinem Eintritt in den Hinterleib wendet er sich nach oben. Dabei gibt er mehrere Divertikel ab. Für unsere Betrachtung ist das untere wichtig (Abb. 12, 13). Es entspringt als unpaarer Sack, der sich flach zusammengedrückt zur Bauchfläche drängt. Unter den Längsmuskeln verbreitert er sich stark (Abb. 12, 37). Dann zieht er nach hinten (Abb. 13). Eine Strecke vor dem Vorhofe wendet er sich nach oben und überschreitet dessen First zwischen den Anheftungsstellen der Längsmuskelpaare. Danach breitet er sich hinter dem Vorhofe wieder bis an die Bauchwand aus. (In Abb. 32 ist er seitlich angeschnitten. Man erkennt seinen vor und hinter dem Vorhof liegenden Abschnitt.)

Schließlich liegen in der Umgebung der Fächertracheen noch eine größere Anzahl Spinndrüsen (Abb. 8, 12).

Die Anheftung der Fächertracheen an ihrer Umgebung.

Der den Atemorganen zugehörige Teil des Vorhofes läßt, wie schon ausgeführt wurde, zwei Zonen erkennen, eine direkt nach außen mündende und das „Horn" (vgl. Abb. 5). Dies letztere, das also nicht am Integument in ganzer Länge angewachsen ist, wird durch Aufhängebänder und Muskeln daran befestigt. Zunächst findet sich ein starker Muskel, der an der Hinterwand des Hornanfanges inseriert und vom benachbarten Integument herkommt (Teil des Stigmenöffners). Während dieser Muskel ziemlich weit medial ansetzt, heften sich einige dünne Fasern an der lateralen Kante des Hornes an und ziehen horizontal zum Integument. Außerdem ist unser Vorhofteil noch durch seine Bindegewebshülle mit den darüber und danebenliegenden Organen verbunden (Abb. 12), indem deren Bindegewebe mit ihr verschmelzen.

Wie der freie Teil des Vorhofes, so werden auch die einzelnen Atemtaschen durch Bindegewebe an ihrer Umgebung angeheftet. Als Befestigungsstellen dienen sowohl die Körperwand wie benachbarte Organe. Es kommen davon in Betracht: Geschlechtsausfuhrgänge, Mitteldarmdivertikel, Spinndrüsen und Muskeln. Die Anheftung erfolgt durch Bindegewebe, das deutlich eine fibrilläre Struktur seines Plasmas zeigt. Neben zylindrischen Zellen finden wir auch lange Fasern mit mehreren stark gestreckten Kernen.

Das über den Fächertracheen liegende Integument ist, wie ich schon erwähnt habe, zu Lungendeckeln umgebildet. Die Rippen derselben verlaufen in einem rechten Winkel zur Längsrichtung der Atemtaschen (Abb. 3) und bilden den Anheftungspunkt für zahlreiche einkernige Zellen von fibrillärer Struktur, die von den lateralen Kanten der Atemtaschen herkommen und diese so an dem Lungendeckel befestigen (Abb. 14). Auf manchen Horizontalschnitten kann man erkennen, daß sich die Fibrillen dieser Zellen in der Hypodermis bis ans Chitin fortsetzen. Es ist dabei hervorzuheben, daß die Haltebänder stets zu den Rippen des Lungendeckels oder zur allernächsten Umgebung von deren Ursprung ziehen. An der glatten Fläche des Lungendeckels heften sie sich nicht an. Ausnahmen machen nur die Haltebänder der Sacculi, die ganz ventral liegen, sowie die Bänder, die nahe der Spitze einer Atemtasche ausgehen. Wie Abb. 2 zeigt, erstrecken sich aber die Chitinrippen nur im vordersten Abschnitt des Lungendeckels über dessen ganze Breite. Weiter hinten finden sie sich nur in der unteren Hälfte. Demgemäß sind die oberen Atemtaschen in keiner Weise am Integument angeheftet, da dieses ja in ihrer Nachbarschaft der Rippen entbehrt (Abb. 3). Eine Strecke vor dem Vorhof aber sind selbst die mittleren Sculia nicht mehr befestigt (Abb. 12, S. 475).

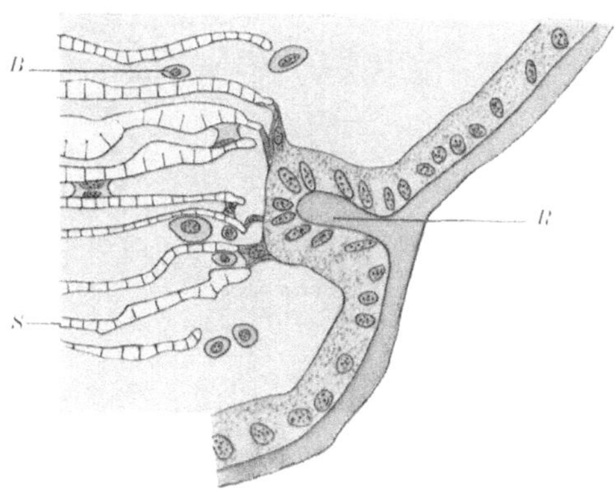

Abb. 14. *Aranea diadema* LIN. ♀. Eine Rippe des Lungendeckels mit den daran anheftenden Atemtaschen im Querschnitt. 360 × vergr. *B* = Blutkörperchen im Blutraume der Fächertracheen; *R* = Rippe des Lungendeckels; *S* = Sacculus.

Eine andere Form der Befestigung zeigt die unterste Atemtasche. Sie verläuft dicht über der Bauchwand und ist nicht wie die anderen Sacculi nur mit der lateralen Kante, sondern auch mit einem Teile ihrer Unterseite durch Bindegewebe am Integument befestigt.

Das Bindegewebe erscheint hier in Form von feinen Fäden, die ein förmliches Netz bilden, das Körperwand und Atemtasche verbindet (Abb. 15). An den Stellen, wo die Kerne liegen, erweitern sich die Stränge bauchig. Die Körperwand zeigt in dem Anheftungsgebiete dieser Fasern keinerlei Rippenbildung, da der Lungendeckel sich nicht bis hierher ausdehnt (Abb. 15). Eine gewisse Strecke vor dem Ursprung des Sacculus am Vorhofe finden sich keine Anheftungsfasern mehr.

Die Medialkanten der Lungentaschen treten sowohl mit dem Integument wie auch mit verschiedenen inneren Organen in Verbindung. Betrachten wir zunächst den erstgenannten Fall: Es finden sich vertikale Stränge, die von der Bauchfläche aus längs der medialen Kanten der Sacculi in die Höhe ziehen und sich dabei an die meisten der Sacculi, die sie berühren, anheften (Abb. 12, 15). Hierdurch werden viele Atemtaschen mit ihren darüber und darunterliegenden Nachbarn und indirekt auch mit der Bauchfläche des Abdomens verbunden. An einigen Stellen sind diese senkrecht aufsteigenden Stränge sehr kräftig ausgebildet und enthalten viele langgestreckte Kerne.

Außerdem finden wir nun noch Fasern, die von den medialen Kanten der Sacculi durch den Blutsinus hindurch zu benachbarten Organen ziehen

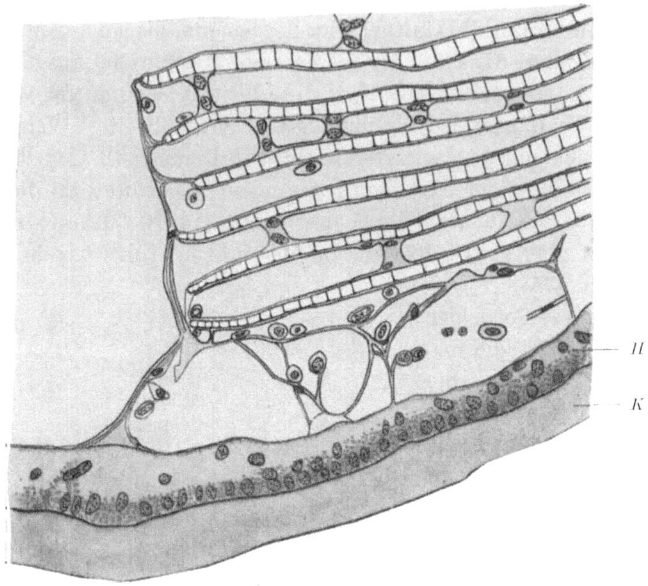

Abb. 15. *Aranea diadema* Lin. ♀. Anheftung des untersten Sacculus und der medialen Kanten der Sacculi an der Bauchwand des Körpers. Querschnitt. 420 × vergr. H = Hypodermis; K = Kutikula der Bauchwand.

und sich mit der bindegewebigen Hülle derselben verbinden. Oft treten dabei die Stränge mehrerer Atemtaschen zu einem starken Hauptstrang

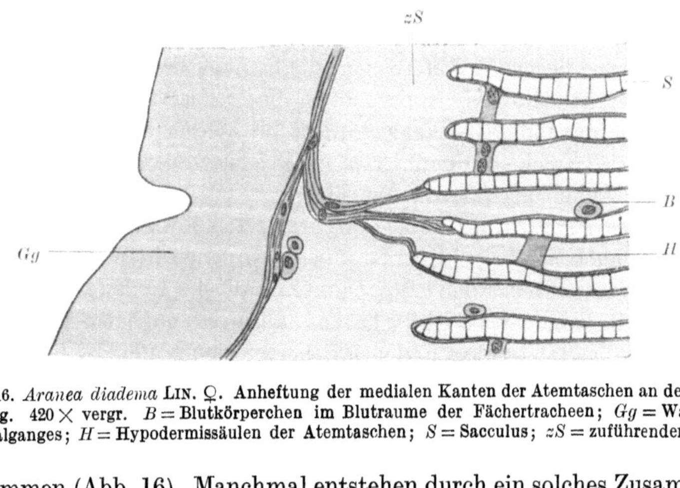

Abb. 16. *Aranea diadema* Lin. ♀. Anheftung der medialen Kanten der Atemtaschen an den Genitalgang. 420 × vergr. B = Blutkörperchen im Blutraume der Fächertracheen; Gg = Wand des Genitalganges; H = Hypodermissäulen der Atemtaschen; S = Sacculus; zS = zuführender Sinus.

zusammen (Abb. 16). Manchmal entstehen durch ein solches Zusammenkommen vieler Stränge förmliche Bindegewebsplatten.

Besonders interessant sind nun noch Faserbündel, die von einer Fächerlunge aus quer durch den ganzen Mittelsinus hindurch zur anderen Fächerlunge ziehen und sich an den Medialkanten von deren Sacculi anheften (Abb. 12, S. 475). Die Stränge zerteilen sich nahe einer jeden Lunge in verschiedene Zweige. Je einer derselben tritt zu einem Sacculus und heftet sich an dessen Medialkante fest (Abb. 17). Einige Äste ziehen ziemlich weit nach oben in die Region der mittleren Lungentaschen, während andere nach unten verlaufen und sogar Anschluß an die Bauchfläche gewinnen. Das gesamte Bündel ist etwa so lang wie hoch und befindet sich über dem an der Bauchwand liegenden Ursprung des Muskels 5.

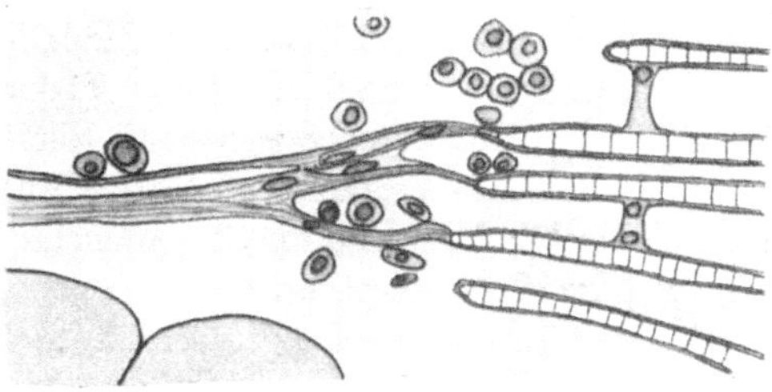

Abb. 17. *Aranea diadema* LIN. ♀. Endteil des beide Fächertracheen verbindenden Stranges (vgl. Abb. 12, S. 475). 420 × vergr.

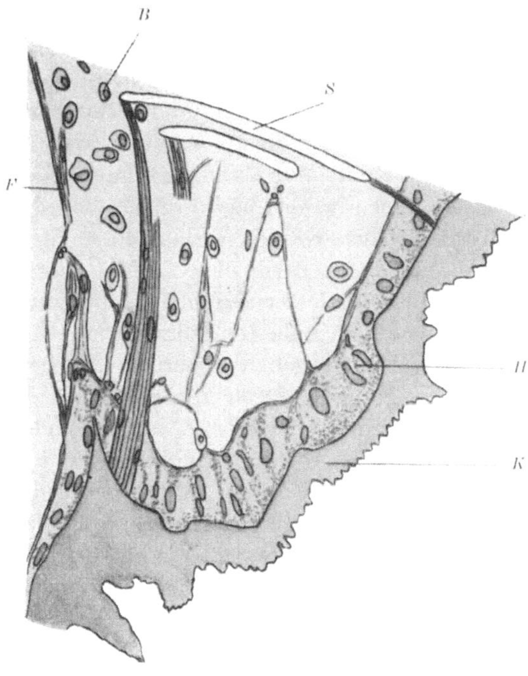

Abb. 18. *Aranea diadema* LIN. ♀. Horizontalschnitt durch die Spitzen der Atemtaschen, um ihre Anheftung an der Stirnwand des Körpers zu zeigen. 480 × vergr. *B* = Blutkörperchen; *F* = Anheftungsfasern; *H* = Hypodermis; *K* = Kutikula der Körperwand; *S* = Sacculus (schräg getroffen).

Die vordere Spitze der Lunge ragt über den Lungendeckel hinaus. In ihrem Bereiche drängen sich die Sacculi eng zusammen und werden zunächst durch längsverlaufende Bindegewebsfasern mit der Stirnwand des Hinterleibes verbunden (Abb. 18). Die genannten Bänder können eine beträchtliche Stärke erreichen. Vor den Sacculi spalten sie sich oft in mehrere Zweige, die zu verschiedenen Atemtaschen ziehen. Außerdem senden die seitlichen Kanten noch Bindegewebsbänder zur Hypodermis der Seitenwand des Körpers. Eine weitere Anheftungsmöglichkeit besitzen die

Spitzen der längsten Lungentaschen. Sie verbinden sich nämlich durch bindegewebige Stränge mit der Wandung der Lungenvene, die nichts anderes als eine Ausstülpung des Pericards darstellt. Abb. 23, S. 483 zeigt uns diese Verhältnisse. Auf der linken Seite des Schnittes sehen wir von den medialen Kanten der dorsalen Sacculi aus Bänder zur Wandung der Lungenvene ziehen. Rechts sehen wir auch die lateralen Kanten damit in Verbindung stehen. Auch zu den Leberblindschläuchen gehen Haltebänder von den Atemtaschen aus. Indes ist dies auf unserer Abbildung nicht dargestellt.

In der Literatur ist die geschilderte Befestigung der Fächertracheen an ihrer Umgebung nur ganz kurz erwähnt worden. So hat Schneider in seiner ausgezeichneten Arbeit die Befestigung der Sacculi an den Rippen der Lungendeckel und an Mitteldarmdivertikeln erwähnt. Mac Leod hat ebenfalls die Befestigung der Lamellen an anderen Organen kurz gestreift. Genaueres aber ist bisher noch nicht veröffentlicht worden.

Ich habe noch einiges über die histologische Natur der Haltebänder zu sagen. Alle diejenigen, die sich an Genitalgänge, Spinndrüsen, Muskeln und Mitteldarmdivertikeln anheften, müssen unzweifelhaft bindegewebiger Natur sein, da sie ja mit der bindegewebigen Bekleidung dieser Organe verschmelzen. Auch die an der untersten Atemtasche anheftenden dünnen Fäden können nur als Bindegewebe gedeutet werden. Dagegen vermag ich keinen Beweis beizubringen, daß die starken Bänder, z. B. die an den medialen Kanten verlaufenden Vertikalstränge, mit Sicherheit dem Bindegewebe zuzurechnen sind. Diese starken Bänder, die ganz wie die Muskeln die Hypodermis des Integumentes durchsetzen und sich direkt ans Chitin anheften, könnten mit ihren langgestreckten Kernen für glatte Muskeln gehalten werden. Da sie aber mit den sicher bindegewebigen Bändern durch alle möglichen Übergänge verbunden sind, halte ich es für das Richtigste, sie als Bindegewebe anzusprechen. Die Funktion der besprochenen Gebilde besteht darin, die Lungentaschen in ihrer horizontalen Lage zu halten. Auch die zwischen beiden Fächertracheen ausgespannte fädige Querverbindung (Abb. 12) wird keinem anderen Zwecke dienen, als zu verhindern, daß das von der Körpermitte aus seitlich in die Fächertracheen einströmende Blut die Atemtaschen zusammenschiebt. Hätte sie eine andere wichtigere Bedeutung, so wäre doch zu erwarten, daß sie auch bei anderen Spinnen zu finden ist. Wir fanden sie jedoch nur bei *Aranea*. Die anderen Spinnen entbehren ihrer, haben aber dafür die Medialkanten der betreffenden Sacculi anderweits angehängt.

Die zu den Fächertracheen in Beziehung stehenden Blutbahnen.

Die Fächertracheen sind so in den Kreislauf des Blutes eingeschaltet, daß fast das gesamte aus dem Körper zum Herzen zurückkehrende Blut durch sie hindurchfließen muß. Die venöse Hämolymphe der Kopfbrust nimmt zunächst ihren Weg durch den Hinterleibsstiel. Sie fließt hier in zwei großen seitlich gelegenen Sinus (Abb. 20). Die Decke, die nach außen gerichtete Seitenwand und der Boden des Sinus werden vom Integument gebildet. Die mediale Wand dagegen wird von senkrecht ver-

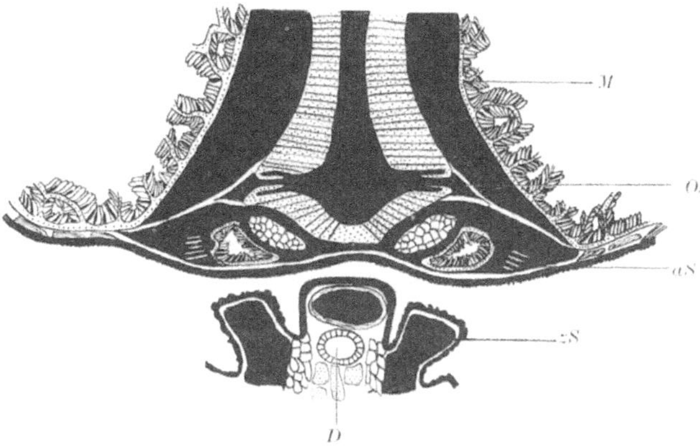

Abb. 19. *Aranea diadema* LIN. ♀. Querschnitt durch die untere Hälfte des Hinterleibes nahe der Stirnwand des Körpers, Herz und Pericard längs treffend (vgl. Abb. 13 S. 477). Die Epithelien der Organe sind schematisch eingetragen und von den getroffenen Atemtaschen sind nur wenige eingezeichnet worden. Alle Blutsinus, wie auch der Inhalt des Herzens sind schwarz ausgezogen worden. 27 × vergr. Vom Stiel ist nur die obere Hälfte gezeichnet worden. aS = abführender Sinus (Lungenvene) mit den Endigungen einiger Atemtaschen und dem quergetroffenen Muskel 9; D = Darmrohr, im Stiel, darunter der Hinterleibsnervenstrang, darüber die Kopfaorta; M = Mitteldarmdrüse; Os = Ostium des Herzens mit den Exocardialligamenten; zS = zuführender Sinus im Stiel.

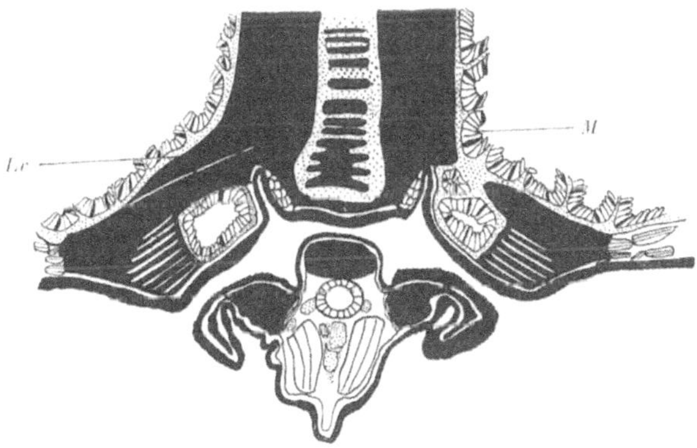

Abb. 20. *Aranea diadema* LIN ♀. Ein wenig weiter hinten geführter, etwas schiefer Querschnitt, der rechts weiter vom Vorderende des Tieres entfernt liegende Organe trifft als links. Lv = Lungenvene mit Exocardialligament; M = Mitteldarmdrüse.

laufenden Stielmuskeln dargestellt. So kommt ein ringsum ziemlich gut abgeschlossener Raum zustande, der indes keine eigenen Wandungen besitzt. In ihm fließt das Blut dem Hinterleibe in lebhaften Pulsströmen zu, wie man an lebenden Spinnen mit wenig pigmentiertem Integument gut beobachten kann.

Beim Übertritt des Stieles in den Hinterleib ändern die Sinus ihre Lage nicht. Abb. 21 zeigt die Stelle des Überganges. Ventral ist der Stiel noch deutlich erkennbar. Seine schon weggefallenen Seitenwände werden durch Nerven und Ganglienzellen angedeutet, die eine direkte Fortsetzung der Stielseitenwände bilden. Auch die Decke des Stieles ist gänzlich in Wegfall gekommen. Wir erkennen noch deutlich an der Lage des Darmrohres, des Nervs und der Aorta den einstigen Mittelteil des Stieles, der auch jetzt noch durch die senkrechten Stielmuskeln gegen den Sinus abgeschlossen ist. Die beiden Sinus selbst sind direkt neben die Lungen zu liegen gekommen. Doch kann an diesen Stellen ihr Blut noch nicht in die Fächertracheen einströmen, da es durch die schon erwähnten Nerven- und Ganglienstränge daran gehindert wird. Die letzteren stehen nicht in Verbindung mit den Fächertracheen, sondern versorgen die lyraförmigen Organe der dorsalen Stielwand. Ihre Länge ist indes gering, so daß nicht weit hinter dem Schnitt der Abb. 21 das Blut der Sinus ungehindert in die Fächertracheen einströmen kann (Abb. 22). Unser Sinuspaar wird jetzt oben von der Mitteldarmdrüse begrenzt (Abb. 22). Seinen Boden liefert die Bauchwand des Hinterleibes, während die Medialwand in der Hauptsache von dem senkrecht verlaufenden Stielmuskel gebildet wird. Nach außen aber grenzen beide Sinus direkt an die Fächertracheen. In ihrer Mitte verlaufen die Längsmuskeln. Verfolgen wir den Sinus weiter nach hinten, so werden wir gewahr, daß nun der senkrechte Stielmuskel in Wegfall kommt. Damit fällt die Scheidewand, die den rechten Sinus vom linken getrennt hat, und beide stehen nun miteinander in Verbindung (Abb. 12, S. 475). Das Blut erfüllt nunmehr alle Gewebslücken, die sich in dem Raume zwischen den Fächertracheen finden. An der Bildung der Decke des Sinus beteiligen sich jetzt verschiedene Organe wie Spinndrüsen, Genitalgänge, Mitteldarmdrüse und Muskeln. Da sich die drei letztgenannten Organsysteme in den Raum zwischen beiden Fächertracheen in der Mitte etwas hineinsenken, erhält der Sinus eine im Querschnitt halbmondförmige Gestalt, die er bis in die Nähe seines Endes beibehält. Der mittlere Teil des Vorhofes, der die Mündung des Uterus internus aufnimmt, bildet seinen Abschluß nach hinten.

Jedoch ist die Abgrenzung gegen den hinteren Abschnitt des Hinterleibes jederseits an einer Stelle unterbrochen. Es befinden sich nämlich rings um den Längsmuskeln, die ja zu beiden Seiten der Genitalzone des Vorhofes anheften, Organlücken. Sie bilden über den First des Vorhofes hinweg eine Verbindung zu Blutsinus, die die Längsmuskeln hinter dem Vorhof bis ans Ende des Hinterleibes begleiten (vgl. Abb. 30, S. 494). In diesem hinter dem Vorhof gelegenen paarigen Sinus fließt das Blut nach den Untersuchungen von Claparède und Causard von hinten nach vorn. Es gelangt dadurch in den zwischen den Fächertracheen befindlichen Raum.

Zwischen je zwei der übereinanderliegenden dreieckigen Sacculi liegt ein niedriger Raum, dessen Decke und Boden von der Hypodermis der beiden Sacculi gebildet wird (vgl. Abb. 15—17, S. 480f). Außer Decke und Boden besitzt ein solcher Blutraum noch eine Wand, die ihn nach hinten abschließt. Sie wird von einem Pfeiler der vorderen Vorhofwand gebildet (Abb. 8, 10, S. 472f.). An den Seiten und vorn aber sind

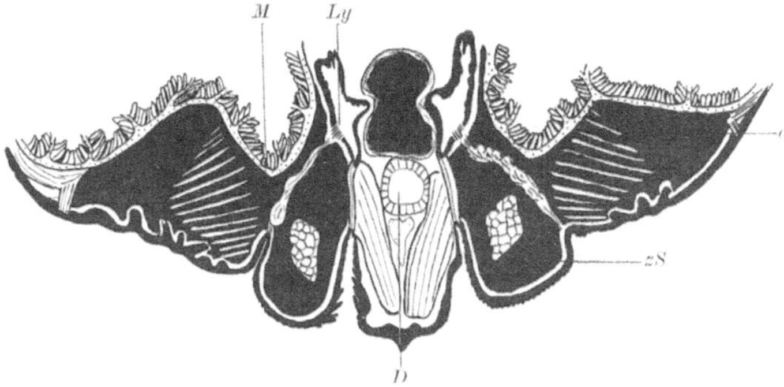

Abb. 21. *Aranea diadema* LIN. ♀. Querschnitt in der Gegend, wo die Ober- und Seitenwände des Stieles bereits mit dem Hinterleib verschmolzen sind. Die letzteren werden noch angedeutet durch die zum lyraförmigen Organ laufenden Nerven und Ganglien. aS = abführender Sinus; D = Darm, darüber die Kopfaorta; Ly = lyraförmiges Organ des Stieldaches, darunter sein Nerv; M = Mitteldarmdrüse; zS = zuführender Sinus mit Längsmuskel. Erklärung s. Text zu Abb. 19.

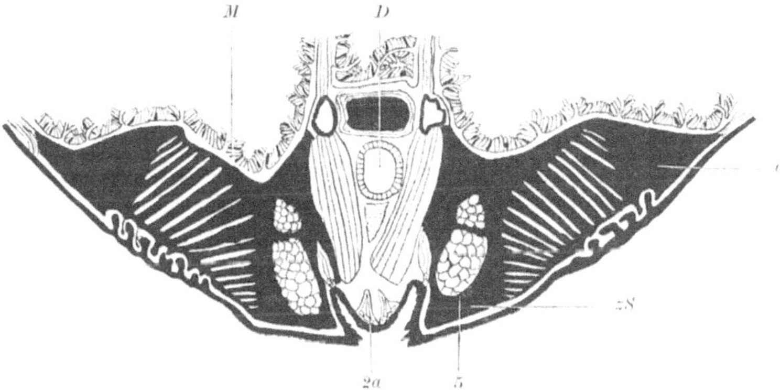

Abb. 22. *Aranea diadema* LIN. ♀. Querschnitt durch den Ursprung des Muskels 2a. aS = abführender Sinus; D = Darm; M = Mitteldarmdrüse. Die Zahlen bezeichnen die S. 494 ff. aufgeführten Längsmuskeln.

diese Räume vollständig offen und kommunizieren hier mit den anliegenden Sinus. Das Innere der niedrigen Bluträume wird durchsetzt von den zahlreichen Säulchen, die von der Hypodermis an den Stellen gebildet werden, wo ihre Kerne liegen (Abb. 17). In die geschilderten Lakunen tritt nun das Blut aus dem zuführenden Sinus von der Medialseite aus hinein. Auf Schnitten sieht man deshalb massenhaft Blutkörper darin liegen. Beim Durchströmen vollzieht sich dann der Gasaustausch zwischen der Hämolymphe und der in den benachbarten beiden Sacculi enthaltenen Atemluft. Danach verläßt das Blut die Fächertracheen auf der lateralen Seite. Dies ist an Spinnen mit durchsichtigen Lungendeckeln am lebenden Tier gut zu sehen. CLAPARÈDE sah es ebenso wie CAUSARD bei jungen Tieren. WILLEM konnte es bei erwachsenen *Pholcus* beobachten. Ich vermochte es außerdem sehr klar zu sehen an erwachsenen Exemplaren von *Zilla atrica* C. L. KOCH und *Zilla litterata* OLIV. (Sehr häufige Kreuzspinnen, die an Gebäuden zu finden sind). Diese Tiere besitzen Lungendeckel, die in Wasser untergetaucht, zelluloidartig durchsichtig werden. Bei Anwendung von Obj. 3 und Okular III von LEITZ vermag man deshalb klar die aus den Sinus der Fächertracheen hervorkommenden Blutkörper zu erkennen.

Das Blut gelangt also aus den Fächertracheen in den abführenden Sinus, der sich zwischen den Atemtaschen und der Seitenwand des Körpers ausdehnt (Abb. 22). Die Decke dieses Raumes wird von der Mitteldarmdrüse gebildet, seine Seitenwände werden durch die Fächertrachee und die Körperwand dargestellt. Nach hinten wird der Blutraum durch einen Ast der Mitteldarmdrüse abgegrenzt, der sich zwischen Fächertrachee und Körperwand drängt. Verlauf und Gestalt unseres Sinus lassen sich am besten an Hand einer von hinten nach vorn fortschreitenden Querschnittserie darlegen. Im hinteren Teile, also zwischen Atemvorhof und dem Ursprung des Muskels 5 ist der Blutraum sehr schmal, da hier die Lungentaschen am breitesten sind und deshalb wenig Platz zwischen sich und der Leibeswand freilassen. Etwa in der Gegend, wo der Muskel 5 von der Bauchwand ausgeht, beginnen sich die oberen (und kürzeren) Sacculi zu verschmälern (Abb. 12). Dies hat zur Folge, daß hier der Sinus an Breite gewinnt. Je weiter wir nun nach vorn gelangen, um so stärker macht sich die Verschmälerung der oberen Sacculi geltend (Abb. 21, 22). Gleichzeitig nimmt die Höhe des Sinus entsprechend der Umrißlinie des Körpers stark ab (Abb. 8). Nahe der Stelle, wo sich der Stiel an den Hinterleib ansetzt, werden die oberen Lungentaschen sämtlich schon nicht mehr im Querschnitt getroffen, da sie nicht so weit nach vorn reichen, sondern schon vorher enden (Abb. 21). Die obersten der noch vorhandenen Atemtaschen aber sind in dieser Gegend so schmal, daß der Sinus sich weit gegen die Mittellinie des Körpers ausdehnen kann. Nur ein breiter Lappen der Mitteldarmdrüse trennt ihn noch vom Pericard, das die Mittellinie des Körpers einnimmt (Abb. 20, 13). Das Pericard, ein Teil der Sacculi und die Mitteldarmdrüse erstrecken sich nun noch weiter nach vorn und legen sich schließlich an die Stirnwand des Körpers an (Abb. 13). Von der Mitteldarmdrüse kann dies jedoch nur mit einer Einschränkung gesagt werden. Sie tritt nämlich nicht in vollem Umfange an die Körperwand, sondern ein schmaler, schräger Streifen erreicht diese nicht, da sich auf der Oberfläche der Mitteldarmdrüse, direkt unter dem Integument eine Rinne befindet (vgl. Abb. 49, S. 523).

Abb. 20 zeigt diese Verhältnisse. Sie stellt einen schräg geführten Querschnitt dar. Rechts sehen wir Lunge und abführenden Sinus durch eine schmale Mitteldarmdrüsenbrücke vom Pericard getrennt. Links sind dieselben Organe ein wenig weiter vorn getroffen. Wir erkennen, daß die schmale Leberbrücke nicht bis hierher reicht, und nur ein unterer und ein oberer Drüsenlappen voneinander getrennt diese Gegend erreichen. Zwischen ihnen befindet sich eine Lücke, die oben beschriebene Rinne, die dem abführenden Sinus den Weg in Pericard ermöglicht. Auf einem noch weiter vorn geführten Querschnitt, der dicht unter der Stirnwand des Hinterleibes verläuft, sehen wir endlich neben dem kleinen unteren Leberlappen jederseits die Spitzen einiger besonders langer Sacculi und die breite Verbindung des abführenden Sinus mit dem Pericard. Da der abführende Sinus etwa die gleiche Rolle spielt wie bei den Wirbeltieren die Lungenvene, hat man ihm oft diesen Namen gegeben.

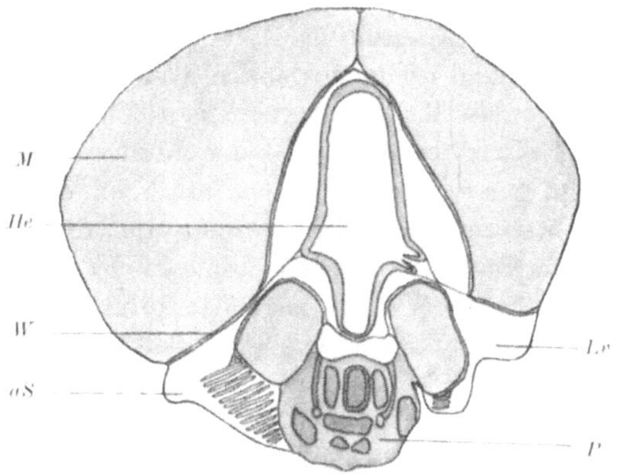

Abb. 23. *Meta reticulata* LIN. Querschnitt durch den vorderen Teil des Hinterleibes, der die Beziehungen von Lunge und Herz zeigt. Bluträume hell getönt, Mitteldarmdrüse mittel, Stielinneres dunkel. 35 × vergr. aS = abführender Sinus: He = Herz; Lv = Lungenvene; M = Mitteldarmdrüse; P = Stiel, ventral; links auch lateral schon mit dem Hinterleib verschmolzen; W – Wandung der Lungenvene.

Ich habe nun noch einiges über die Wandung des abführenden Sinus zu sagen. In seinem hinteren Teile spannt sich zwischen Horn und der Körperwand eine faserige Membran aus, die der Decke des Sinus, also der Mitteldarmdrüse anliegt und wohl nichts anderes darstellt als eine verstärkte Adventitia. Sie ist auch in den vorderen Abschnitten der Lungenvene zu beobachten, jedoch stets nur an der Decke. Schließlich tritt sie in die schmale Passage ein, die zum Pericard führt und geht ohne irgendeine Grenze in die Pericardwand über (Abb. 23). Wie die Abbildung zeigt, heften sich an ihr auch die Exocardialligamente des Herzens an, die über und unter den Ostien entspringen und aus der Adventitia des Herzens sich abspalten. Die Wandung der schmalen zum Herzen führenden Passage tritt übrigens auch in Beziehung zu den Sacculi, wie schon auf S. 482 dargestellt wurde. Zusammenfassend läßt sich also sagen, daß die Lungenvene keine besonderen Wandungen besitzt, sondern nur von bindegewebigen Bekleidungen umgrenzt wird.

Überblicken wir nun den Weg des in die Atemorgane gelangenden Blutes, so finden wir, daß es zunächst im wesentlichen immer an den

Längsmuskeln des Hinterleibes entlang fließt. Wir haben dabei zwei Strömungsrichtungen zu unterscheiden. Die erste führt von der Kopfbrust durch den Stiel in den Sinus zwischen den Lungen. Die andere führt von den hinter dem Vorhof gelegenen Regionen aus an den Längsmuskeln entlang nach vorn in den Sinus zwischen den Fächertracheen, die somit venöses Blut sowohl aus der Kopfbrust wie auch aus dem Hinterleib erhalten. Die Hämolymphe strömt nun vom Mittelsinus aus nach der Seite in die Bluträume der Fächertracheen ein. Darin wird sie oxydiert. Sie gelangt dann in den abführenden Sinus. Hier wirkt eine nach vorn gerichtete Strömung, die das Blut dem Vorderende des Körpers zutreibt. Es tritt dort in die schmale in die Mitteldarmdrüse eingedrückte Passage und gelangt so ins Pericard. Bei der Diastole des Herzens wird es durch das 1. Ostienpaar, das sich hier befindet, ins Herz gesaugt und bei der folgenden Systole zum großen Teile durch die Kopfaorta in die Kopfbrust getrieben (Abb. 13).

Es ist zu beachten, daß der zuführende Sinus scharf vom abführenden Sinus getrennt ist. Der letztere kann vom ersteren aus nur durch die Fächertracheen erreicht werden. Im vorderen Teile des Körpers, wo der abführende Sinus der Mittellinie des Körpers zustrebt, also in Berührung mit dem in der Mitte liegenden zuführenden Sinus kommen könnte, ist letzterer bereits aus dem Hinterleib heraus in den Stiel verlegt (Abb. 21 und 20).

Die Innervation der Fächertracheen.

Vom Hinterleibsnerven, der etwa in der Medianlinie des Bauches verläuft, zieht zu jeder Fächertrachee ein Strang. Ich konnte ihn deutlich bis zu den Sacculi verfolgen und sah ihn weiter bis zur Hypodermis ziehen. Dies gilt auch für die folgenden eingehend untersuchten Arten. Leider ist es mir nun nicht möglich anzugeben, ob tatsächlich Fasern an die Sacculi herantreten, da in den auf die gewöhnliche Weise gefärbten Präparaten nichts davon zu erkennen war. Es wird wohl nur durch Schwärzung mit der Golgi-Methode möglich sein, dies festzustellen.

Die Muskulatur des vorderen Hinterleibsabschnittes.

Die in der Nähe der Fächertracheen verlaufenden Muskeln sind von verschiedenen Forschern (Haller, Schimkewitsch, Weisz) fast sämtlich in Beziehung zur Atmung gebracht worden. Dies ist jedoch ein Irrtum, wie ich weiter unten darlegen möchte.

Histologie der Muskeln und ihrer Anheftungspunkte.

Zunächst soll kurz auf den Bau der in Betracht kommenden Muskeln eingegangen werden. Die Muskeln setzen sich aus Bündeln von Fasern zusammen, die mit feinen Bindegewebsmembranen umhüllt sind. Jede Muskelfaser stellt einen mehr oder weniger langen Strang von meist abgerundetem Querschnitt dar, in dem sich eine zentrale Plasmasäule befindet, um die sich die Fibrillen in Form von radiär gestellten Blättchen gruppieren. In der zentralen Plasmasäule liegen reihenförmig untereinander die Kerne. Oft sind mehr als zwei solcher Kernreihen in einer Muskelfaser vorhanden. Sämtliche für unsere Darstellung in Betracht kommenden Muskeln sind quergestreift.

Interessant ist nun die Art der Anheftung. Wir müssen da unterscheiden zwischen der Anheftung eines einzelnen Muskels und der Anheftung mehrerer Muskeln an ein und derselben Stelle des Integumentes. Wenden wir uns zunächst dem erstgenannten Falle zu! Ein Muskel kann sich bei den Spinnen entweder direkt an die Körperwand ansetzen oder indirekt vermittels einer chitinigen Sehne. Das letztere spielt für die Hinterleibsmuskulatur kaum eine Rolle. Nur bei der Anheftung des Muskels 2a scheinen einige kurze Sehnen beteiligt zu sein. Das Integument ist an den Anheftungsstellen der Muskeln ein wenig modifiziert (Abb. 2, S. 468, Abb. 24). Zunächst fehlen hier sämtliche Haare und Borsten. Dann suchen wir vergebens nach den feinen Rillen, die auf den übrigen Teilen des Abdominalintegumentes in Wellenlinien verlaufen. Wir finden an deren Stelle eine große Anzahl rundlicher Vorwölbungen. Sie werden nur von der obersten Chitinschicht gebildet, die an diesen Stellen ein wenig dunkler als sonst gefärbt ist. Im Inneren entspricht ein jeder dieser Buckel dem Anheftungspunkt einer Muskelfaser des hier inserierenden Muskels. Diese Fasern heften sich direkt am Chitin an (Abb. 25). Ich konnte sie bis an die Kutikula verfolgen und keinerlei Unterbrechungen in ihrem Verlaufe feststellen wie auch HOLMGREN, SNETHLAGE, WAGNER u. a. Demgemäß ist also von der Hypodermis im Bereiche der Fibrillen nichts zu sehen. In den meisten Fällen heften die Fasern in voller Breite an. Manchmal schienen sie sich jedoch zu verjüngen. Indes können sie in diesen Fällen vielleicht ein wenig schief getroffen sein (Abb. 25).

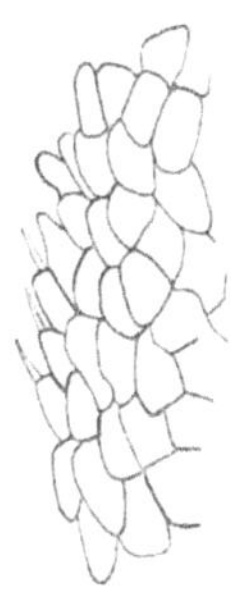

Abb. 24.

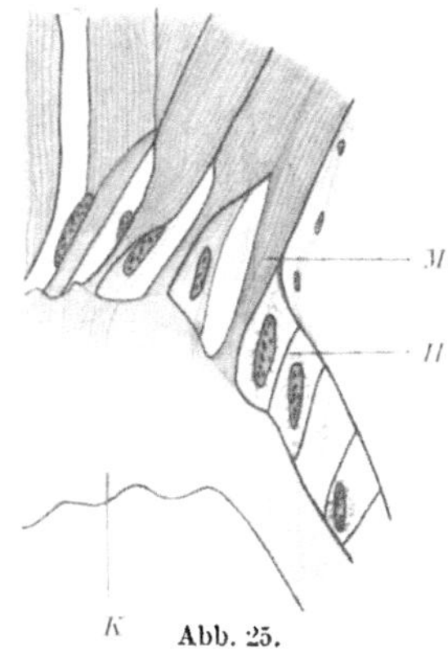

Abb. 25.

Abb. 24. *Aranea diadema* LIN. ♀. Ausschnitt aus der Kutikula über dem Entochondriten *t* in Flächenansicht (vgl. Abb. 2 und 26). 360 × vergr. — Abb. 25. *Aranea diadema* LIN. ♂. Längsschnitt durch einen Teil der Insertionsstelle des Muskels 6. 800 × vergr. *H* = Hypodermis; *K* = Kutikula; *Mu* = Muskelfasern.

Während dort, wo sich die Fasern ansetzen, nichts von der Hypodermis zu sehen ist, finden sich zwischen den anheftenden Fasern Kerne, die in gleicher Höhe mit denen der Hypodermis liegen und auch deren Form besitzen. Ferner findet sich, wenn Muskeln in der Nähe pigmentierter Hautstellen inserieren, zwischen den Muskelfasern körniges Pigment. Daraus möchte ich schließen, daß die Kerne, deren Ähnlichkeit mit Hypodermiskernen schon SNETHLAGE auffiel, zur Hypodermis gehören, ebenso wie das zwischen den Fasern befindliche Pigment. Es ist doch wohl ausgeschlossen, daß das letztere von den Muskeln gebildet worden sein könnte. Wir haben also im Abdomen der Spinnen zwischen den direkt am Chitin anheftenden Muskeln noch Reste der Hypodermis in Gestalt von Kernen und Pigment und wahrscheinlich auch Plasma. Diese Tatsache paßt vorzüglich zu der Schilderung, die WAGNER von der Häutung der Muskelansatzstellen gibt. Er sagt dabei, daß nach Lösung der alten Kutikula die Hypodermis eine Strecke entlang ins Innere des Körpers wachse, dann umbiege und zum freien Ende der Faser ziehe und dieses umgebe, um hier die Kutikula zu bilden. Nach deren Bildung ist dann die Hypodermis im Bereiche der inserierenden Faser verschwunden. Ihre zwischen den Fasern verbleibenden Reste glaube ich durch das Vorhandensein von Pigment sicher erkannt zu haben. Damit wäre dann, wenigstens für die Spinnen die von HOLMGREN und SNETHLAGE für Insekten und Krebse aufgestellte Theorie, daß bei der Häutung die Muskeln selbst das Chitin ihrer Anheftungsstelle ausscheiden, erledigt.

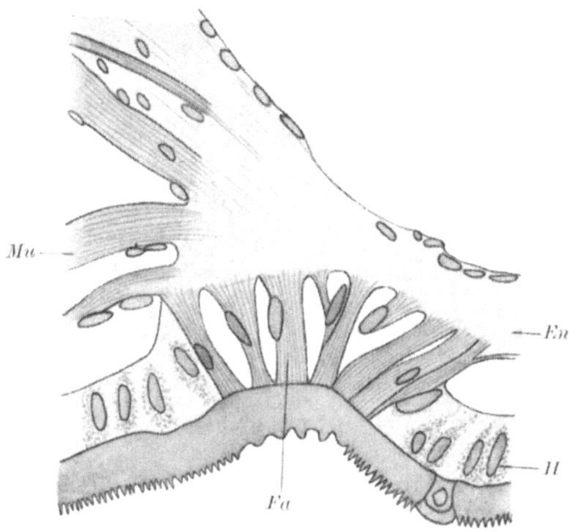

Abb. 26. *Aranea diadema* LIN. ♀. Längsschnitt durch einen Teil des Entochondriten *t* samt seiner Insertionsstelle (vgl. Abb. 24). 550 × vergr. *En* = Entochondrit; *Fa* = Fasern, mit denen der Entochondrit an der Körperwand befestigt ist; *H* = Hypodermis; *Mu* = Muskelfasern, die in den Entochondriten eintreten.

Eine Besonderheit zeigt sich nun, wenn mehrere Muskeln zu ein und derselben Hautstelle ziehen. Dies ist im Bereiche des Hinterleibes oft der Fall (Abb. 28, 30, 31). Die inserierenden Muskeln treffen stets schon vor dem Integument aufeinander. Kurz vor dem Zusammenstoßen verlieren sie die Querstreifung und bilden zwischen sich einen eigenartigen Körper aus, den Entochondriten (Abb. 26, Abb. 28, S. 492). Dieser zeigt manchmal eine feine Faserung, oft aber erscheint er auch ziemlich homogen. Er färbt sich mit der MALLORY-Färbung leuchtend blau und hebt sich dadurch scharf gegen die rotgefärbten Muskeln ab. In seinem Gefüge finden sich Höhlungen, in denen kleinere Kerne liegen, die das Lumen nicht ganz ausfüllen. Oft schmiegen sich auch Kerne seinem Rande an. Das Gebilde liegt nun der Körperwand nicht direkt an, sondern wird durch Fibrillenbündel mit dem Chitin des Integumentes verbunden (Abb. 26). Die Fasern ziehen ohne Unterbrechung bis ans Chitin heran. Es läßt sich nicht sagen, ob sie quergestreift sind, deshalb kann auch nicht histologisch bewiesen werden, daß es Muskeln sind. Indes ist dies nicht unwahrscheinlich, da sie doch wohl aus den Enden der Muskeln entstanden sind. Man deutet ja auch den Entochondriten selbst als umgewandelten Muskel. Zwischen den Fasern liegen Kerne, die ihrer Lagerung und Gestalt nach der Hypodermis angehören. Man könnte daraufhin die Fasern auch als Hypodermisfibrillen deuten.

Der Verlauf der Muskeln.

Ehe wir zur Darstellung der einzelnen Muskeln übergehen können, ist es nötig, einen Blick auf das Chitinskelett des Hinterleibes zu werfen. Zunächst ist da zu erwähnen, daß die rings um den Ansatzpunkt des Stieles gelegene Haut haarlos und leicht faltbar ist (Abb. 2, S. 468). Auf diese Weise entsteht ein gelenkiger Ring an der Verbindungsstelle von Stiel und Hinterleib, der als falsches Gelenk wirken wird und zu der großen Beweglichkeit des Hinterleibes beiträgt. Der Stiel selbst besitzt an seinen Seiten und am Boden mäßig starres Chitin, während seine Decke von einem dachrinnenförmigen, sehr starken Chitinstück gebildet wird (Abb. 20). Dort, wo sich diese Decke an den Hinterleib anfügt, bildet sie eine wichtige Ansatzstelle für die Abdominalmuskulatur.

Es finden sich im vorderen Abschnitt des Hinterleibes drei Paar Entochondrite, die für uns von Bedeutung sind. Das erste Paar sitzt auf den Entapophysen des Vorhofes zu beiden Seiten der Geschlechtsöffnung (*t* 8) (Abb. 5, S. 470, Abb. 30, S. 493). Eine kurze Strecke dahinter findet sich das zweite Paar (*t*9), das gleichfalls in der Hauptsache von Längsmuskeln gebildet wird. (Abb. 30, 31. Auf diesen Abbildungen erscheint der Entochondrit weit nach hinten verschoben, weil hier die Verhältnisse von *Tegenaria domestica* Clerck dargestellt sind.) Dieser Entochondrit befestigt sich an einer Entapophyse, die, wie Lamy und Purcell gezeigt haben, vom Tracheenstigma ausgeht. Ihr Lumen ist offen, sie fungiert als Trachee, und wird deshalb als mittleres Tracheenpaar bezeichnet. Ein dritter großer Entochondrit (*t*) befindet sich endlich an der Körperwand, dicht hinter dem Stigma (Abb. 2, 24, 26, 30, 31). Er wird gebildet von den Muskeln 8 und 30.

Wir gehen nun zur Betrachtung der einzelnen Muskeln über. Sie sind bei *Aranea* noch nicht alle planmäßig untersucht worden. Jedoch besitzen wir eine vorzügliche Studie Purcells über die Muskeln von *Segestria*. Wir haben, um die Vergleichung mit den Daten dieser Arbeit zu erleichtern, die von uns gefundenen Muskeln mit den gleichen Ziffern bezeichnet, die Purcell für die entsprechenden Stränge bei *Segestria* gebraucht hat.

Die Stigmenöffner (11) (Abb. 4, S. 469; Abb. 27, 28). An der Hinterwand des Vorhofes setzen sich im Bereiche des Stigmas und auch im Gebiete des blind in den Körper ragenden „Hornes“ eine Anzahl Muskelbündel fest. Sie ziehen von hier aus nach hinten und heften sich nach kurzem Verlaufe mittels eines Entochondriten gemeinsam mit Fasern anderer kleiner Muskeln an die Seitenwand des Körpers an. Ihre Funktion besteht darin, daß sie bei ihrer Kontraktion die hintere Wand des Vorhofes von dessen Vorderwand entfernen. Dadurch wird der Vorhof beträchtlich erweitert und das Stigma geöffnet. Auch im Bereiche des Hornes findet die Erweiterung des Vorhofes statt, wie man an lebenden *Zilla litterata* Oliv. beobachten kann (vgl. S. 542). Die in Betracht kommenden Muskeln sind von Willems, Schneider und Purcell schon erwähnt worden, dagegen hat sie Weisz übersehen und ihre Funktion

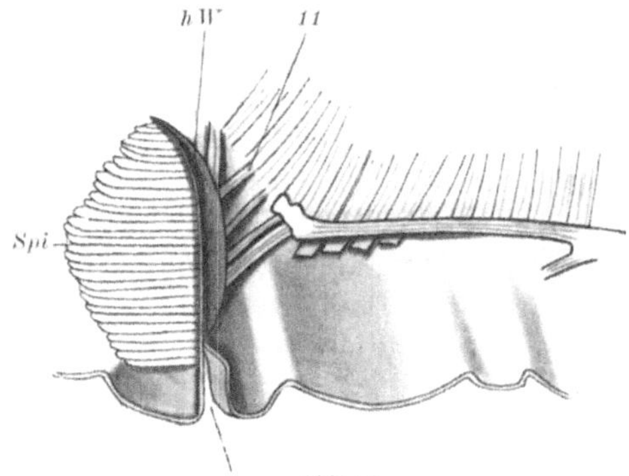

Abb. 27.

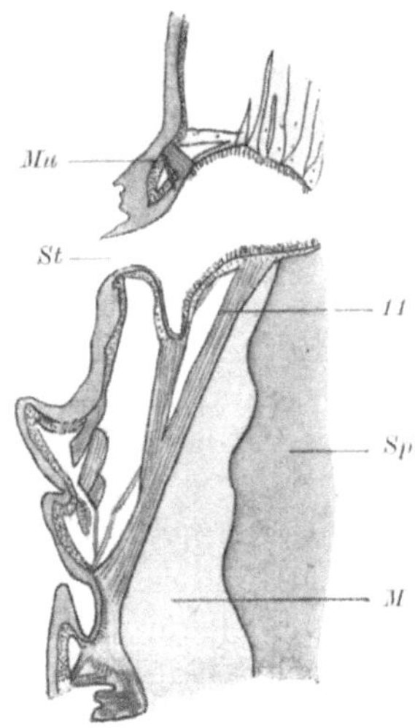

Abb. 28.

Abb. 27. *Nephila spec.* ♀ (Trop. Araneide). Rechte Fächertrachee samt Öffnungsmuskeln von der Medialseite gesehen. (Tier in der Sagittalebene halbiert, danach Stigmenmuskeln und Lunge freipräpariert.) 6 × vergr. *G* = Genitalspalte; *hW* = Hinterwand des Atemvorhofes; *Spi* = Spitze der Sacculi; *11* Stigmenöffner. — Abb. 28. *Aranea diadema* Lin. ♂. Horizontalschnitt durch das Stigma samt Stigmenöffner (vgl. Abb. 4). 65 × vergr. *M* = Mitteldarmdrüse; *Mu* = kleiner Atemmuskel; *Spi* = Spinndrüsen; *St* = Stigma; *11* Stigmenöffner.

anderen Muskeln zugeschrieben. Wir finden ganz ähnliche Muskeln bei den Pedipalpi (Börner) und den Scorpiones (Beck, Buisson).

Die medialen Vorhofmuskeln (Abb. 29) sind bisher übersehen worden. Bei *Aranea diadema* bestehen sie aus einer Anzahl Fasern, die sich im Bereiche der Lungentaschen an den First des Vorhofes ansetzen, also dort, wo Vorder- und Hinterwand zusammenstoßen. Sie ziehen von hier aus zum Teil nach unten an die Bauchwand, zum Teil nach der Mittellinie des Körpers zu, wo sie sich an die Falten der Genitalzone des Vorhofes ansetzen. Die Fasern sind quergestreift, also sicher kontraktil. Sie werden den Atemteil des Vorhofes nach innen ziehen. Die eigentliche Bedeutung dieses Vorganges liegt nicht klar zutage. Vielleicht wird dadurch der Binnenraum des Vorhofes verkleinert, indem sich die Wände enger aneinander schmiegen. Dasselbe gilt für ähnliche Fasern, die vom Vorhoffirst im Bereiche der oberen Lungentaschen zum Entochondriten ziehen.

Außer den beiden eben beschriebenen Muskeln findet sich nur noch ein dritter, der sicher in Beziehung zur Atmung steht (Abb. 28). Er spannt sich zwischen der Unterwand des Vorhofes und der Bauchwand aus. Seine Kontraktion wird die erstere senken, was wohl bei der Stigmenöffnung eine Rolle spielen wird.

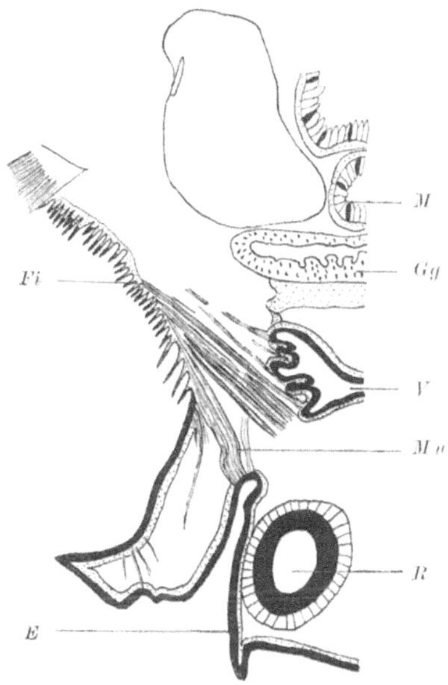

Abb. 29. *Aranea diadema* Lin. ♀. Teil eines Querschnittes, der durch den First des linken Atemvorhofes geht und die hier anheftenden medialen Atemmuskeln zeigt. (Zur Orientierung vgl. Abb. 5.) 50 × vergr. *E* = Epigyne; *Fi* = First des Atemvorhofes mit schräg angeschnittenen Vorhoffenstern; *Gg* = Genitalgang; *M* = Mitteldarmdrüse; *Mu* = mediale Vorhofmuskeln; *R* = Receptaculum seminis; *V* = Genitalvorhof.

Wir wenden uns nun der Längsmuskulatur des Hinterleibes zu, die von Haller und Weisz zur Atemmuskulatur gerechnet wird. Ich bin jedoch der Meinung, daß ihr die Bewegung des Hinterleibes zukommt. Es läßt sich dies aus dem Verlaufe der Muskeln und der Verteilung der Gelenkhäute erschließen, wenn auch nur in groben Zügen.

Der obere Längsmuskel (*A*) (Abb. 30, 31, 32, 12) ist paarig und verläuft zu beiden Seiten der Medianlinie des Hinterleibes. Sein Ursprung liegt an den Hinterecken des Stieldaches. Von hier aus ziehen sich die beiden Stränge zu den Entochondriten (*t* 8), die auf den Entapophysen des Vorhofes sitzen. Die Zusammenziehung beider Bündel verkürzt die Entfernung zwischen Vorhof und Stiel. Dabei wird der über dem Stiel liegende Teil des Gelenkhautringes zusammengeschoben und das Abdomen wird gehoben. Genaue Beobachtungen über den Vorgang liegen nicht vor, wie überhaupt alle für unsere Darstellung in Betracht kommenden Muskeln noch nie auf ihre Funktion hin untersucht worden sind. Wir sind deshalb im Rahmen dieser Arbeit darauf angewiesen, uns die Wirkungsweise der Muskeln an ihrem Verlaufe und an der Verteilung der Gelenkhäute klar zu machen. Unsere in dieser Hinsicht erlangten Ergebnisse sind also auf keinen Fall erschöpfend. Sie sollen lediglich das Aufgabengebiet der Muskeln andeuten.

Der untere Längsmuskel (1, 2) zerfällt in drei Bündel, die sämtlich zum Entochondriten *t* 8 ziehen. Das mittelste und gleichzeitig unterste

Paar nimmt seinen Ursprung nahe der Mittellinie des Körpers, dort, wo die Unterseite des Stieles sich an den Hinterleib ansetzt (2*a*). Ein wenig seitlich davon entspringt ein zweites Bündel (2*b*) und noch weiter lateral und dorsal das dritte (1). Alle diese Muskeln verlaufen im großen zuführenden Sinus nach hinten zum Entochondriten *t* 8 (Abb. 30, 31, 32, 12, 21, 22, S. 485). Zwischen ihnen senkt sich das ventrale Mitteldarmdivertikel zur Bauchseite des Körpers (Abb. 12, 37, S. 504). Bei der Kontraktion dieser Muskeln wird sich der ventrale Teil des um den Stiel befindlichen Gelenkhautringes über den Stiel schieben. Die Folge davon ist ein Senken des Abdomens. Der verschiedene Ursprung der Bündel und die Tatsache, daß wohl gelegentlich nur ein Teil von ihnen arbeitet, werden die einfache Senkbewegung in der verschiedensten Weise zu variieren gestatten, wie es auch für die sichere Führung der Spinnwarzen nötig ist.

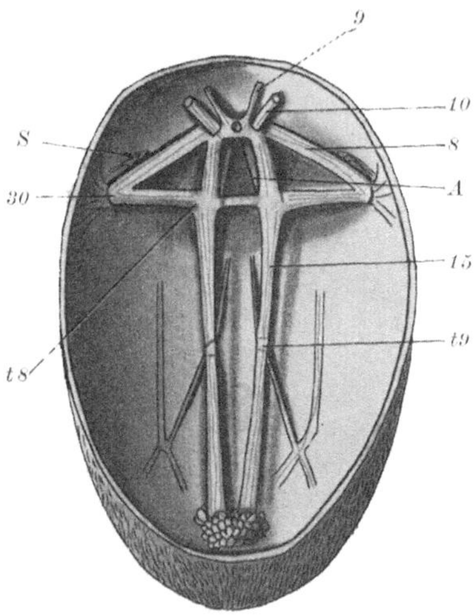

Abb. 30. *Tegenaria ferruginea* PANZ. (= *domestica*) ♀. Hinterleib von oben gesehen. 10 × vergrößert. Die Rückendecke ist abgehoben und sämtliche Eingeweide bis auf die Muskeln sind entfernt worden. *A* = Muskel A, darunter Muskel 1 und 2; *S* = Sacculi der Fächertrachee; *t* 8, *t* 9 = Entochondrite *t* 8 und *t* 9. Die Zahlen beziehen sich sämtlich auf Muskeln.

Der Endosternitmuskel (3) nimmt seinen Ursprung am hinteren Ende des Endosternites der Kopfbrust und zieht durch den Stiel in den Hinterleib, wo er sich an den Muskel 2*b* schmiegt. Auch er inseriert am Entochondriten *t*8. Er ist schwer auf den Schnitten zu finden, da er sehr schwach ist und steht sicher in Beziehung zur Bewegung des Hinterleibes.

Der Verbindungsmuskel (15) zieht vom Entochondriten *t*8 zum Entochondriten *t*9. Er ist bei *Aranea* sehr kurz, da hier beide Entochondriten nahe aneinander liegen. Unsere Abbild. 30 und 31 zeigen ihn bei *Tegenaria ferruginea* PANZ., wo er viel länger ist. Vom Entochondriten *t*9 ziehen dann die Längsmuskeln weiter zu den Spinnwarzen.

Der schräge Muskel (8) hat seinen Ursprung an der Stirnwand des Hinterleibes neben dem Anheftungspunkte des Stieldaches. Er zieht schräg nach hinten-außen über die Fächertracheen hinweg zur Seitenwand des Körpers, wo er gemeinsam mit dem Muskel 30 mittels des Entochondriten *t* hinter und ein wenig über dem Stigma anheftet (Abb. 30, 31, 8, 12, 2). Seine Kontraktion wird ein Zusammenschieben der Seitenteile des an der Stirnwand des Hinterleibes gelegenen Gelenkhautringes bewirken. Wenn nur einer der Partner tätig ist, wird also der Hinterleib nach dessen Seite sich drehen. Bei der Tätigkeit beider dagegen wird vielleicht der Hinterleib gehoben.

Der kurze Längsmuskel (5) verläuft von der Stirnwand des Hinterleibes, wo er nahe dem Ursprung des Muskels 1 entspringt, zur Bauchfläche. Hier inseriert er zwischen den Fächertracheen vor der Epigyne an einem von außen deutlich sichtbaren Muskelanheftungspunkt (Abb. 1, 2, S. 467 f.; Abb. 31, 32). Es treffen dabei die beiden Partner, die weit voneinander getrennte Ursprungspunkte haben, zusammen. Sie dürften das Senken des Hinterleibes unterstützen, vielleicht auch bei einseitiger Wirkung infolge ihres nach innen divergierenden Verlaufes ein Seitwärtsdrehen veranlassen. Bei *Aranea* möchte man es noch für möglich halten, daß sie auf die Öffnung des Genitalvorhofes Einfluß haben.

Der Quermuskel (30) zieht vom Entochondriten *t* 8 aus quer durch den Körper dicht hinter dem Firste des Vorhofes zu dem Entochondriten *t* (Abb. 30, 31, 8). Die Funktion dieses Muskels vermag ich nur ganz unsicher zu beleuchten, da sich innerhalb seines Verlaufes keine Gelenkhäute zeigen. Er wird den Hinterleib seitlich zusammenziehen können. Wieweit dies von Einfluß auf die Atemorgane ist, vermag ich nicht zu erschließen. Indes fehlt er hinter den Fächertracheen von *Telyphonus* (Pedipalpi). Er muß demnach doch keine wesentliche Rolle bei der Atmung spielen (vgl. S. 498).

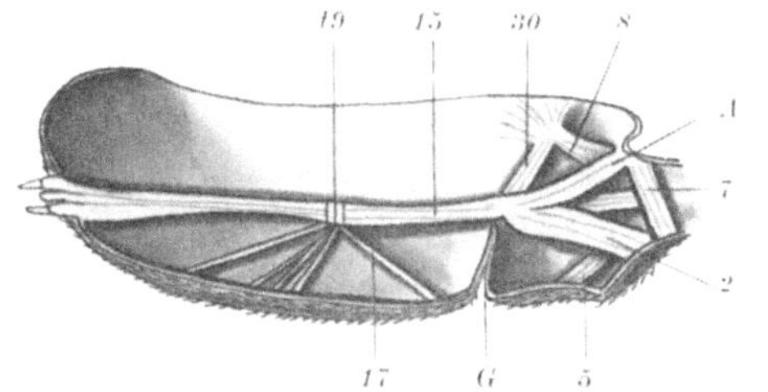

Abb. 31. *Tegenaria ferruginea* PANZ. (= *domestica*) ♀. Sagittalschnitt durch das vorige Präparat von der Seite gesehen. 10 × vergr. *G* = Genitalspalte. Übrige Bez. wie Abb. 30.

Am Entochondriten *t* 8 inseriert ein paariger Muskel (4), der seinen Ursprung dicht hinter der Insertion des Muskels 5 nimmt (Abb. 32). Einen ähnlichen Verlauf haben eine ganze Anzahl schmaler Fasern (4*a*), die jedoch sämtlich näher der Genitalspalte ihren Ursprung nehmen. Diese Muskeln mögen wohl dazu dienen, den Zug entgegengerichteter Muskeln auf den Entochondriten aufzuheben. Vielleicht hat Muskel 4 dasselbe für die Muskelanheftungsstelle des Muskels 5 zu bewirken. Es könnte außerdem immerhin möglich sein, daß ihre Wirkungsweise sich auch auf die Bewegung des mittleren Teiles der Genitalspalte auswirkt. Eine ganze Anzahl ähnlicher Fasern verläuft vom Entochondriten *t* 8 aus nach hinten (16) und dürfte als Antagonist wirken. Einige Fasern ziehen medialwärts und inserieren am First der Genitalzone der Vorhofes.

Der Öffner der Genitalspalte (17) kommt vom Entochondriten *t* 9. Er inseriert an der hinteren Vorhofwand der Genitalzone (Abb. 30, 31). Bei seiner Kontraktion wird diese nach hinten gezogen und so die Spalte geöffnet. Außerdem sendet dieser Entochondrit eine Anzahl Fasern nach hinten (13) (Abb. 31).

Auch die dorsoventral verlaufenden Muskeln stehen in keiner Beziehung zur Atmung, wie ich im folgenden zeigen werde. Zunächst findet sich im Stiele ein paariger Dorsoventralmuskel, der von der Decke aus auf beiden Seiten zu einer hartchitinisierten Stelle des Bodens zieht (6).

Das Endstück des harten Stieldaches wird eingenommen von dem Ursprung eines weiteren Muskelpaares, das im hinteren Stielabschnitt verläuft. Es zieht zum Boden des Stieles, der hier als Fortsetzung des oben erwähnten Gelenkhautringes noch aus faltbarem Chitin besteht (7) (Abb. 31; Abb. 21, 22, S. 485). Dieser Muskel könnte Einfluß auf die Bewegung des Hinterleibes haben. Er bildet die mediale Wand der im Stiel verlaufenden Sinus, die das Blut der Kopfbrust den Fächertracheen zuführen.

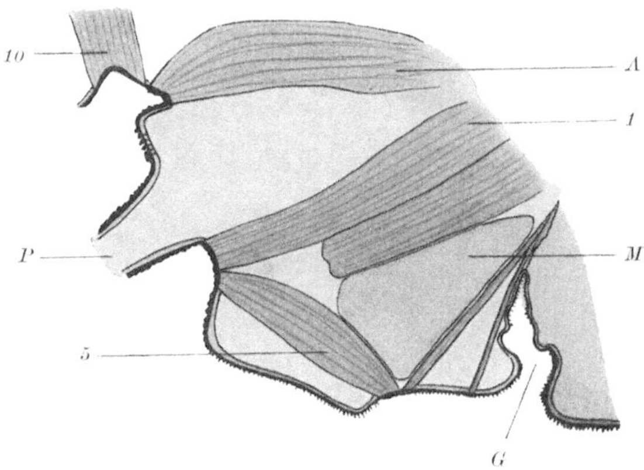

Abb. 32. *Meta reticulata* LIN. Längsschnitt durch den vorderen, ventralen Teil des Hinterleibes. Mehrere Schnitte kombiniert. 100 × vergr. A = Muskel A; G = Genitalspalte; M = ventraler Blindschlauch der Mitteldarmdrüse; P = Stiel. Die Zahlen bezeichnen Muskeln.

Im Hinterleib finden sich drei Paar dorsoventral verlaufende Muskeln im Gebiete der Fächertracheen. Das erste Paar ist ganz kurz und zieht von dem stark chitinisierten Chitinstück an der Grenze von Stieldach und Hinterleib jederseits vom Pericard zu dem nach vorn vorgebuchteten Teil der Stirnwand des Hinterleibes (9) (Abb. 30, 19, 20). Direkt dahinter nimmt der zweite Dorsoventralmuskel seinen Ursprung (10) (Abb. 30, 32). Seine beiden Stränge verlaufen an den Seiten des Pericards nach oben zur Rückendecke des Hinterleibes, wo sie inserieren. Die Anheftungsstellen sind am lebenden Tier außen als zwei vertiefte dunkle Punkte deutlich mit unbewaffnetem Auge erkennbar. Der dritte Dorsoventralmuskel entspringt an den beiden großen Entochondriten $t8$ und $t9$ und zieht fast senkrecht nach oben, wo er an zwei ebenfalls am lebenden Tier sichtbaren Punkten inseriert. Die Dorsoventralmuskeln haben wohl im wesentlichen die Aufgabe, den Körper dorsoventral abzuflachen und dadurch die muskellosen Spinn- und Mitteldarmdrüsen zu beeinflussen. Der erste und zweite Dorsoventralmuskel könnten außerdem noch eine Hebung des Hinterleibes verursachen.

Unsere Betrachtung des Muskelsystems des vorderen Hinterleibsabschnittes hat gezeigt, daß nur drei Muskelpaare in Beziehung zur Atmung stehen. Von einem vierten Paare, dem Quermuskel (30) wäre eine indirekte Einwirkung noch möglich. Alle anderen Muskel aber haben andere Aufgaben. Die wesentlichste, der die meisten Muskelgruppen zugeordnet sind, besteht in der Bewegung des Hinterleibes. Diese dient der Führung der Spinnwarzen beim Herstellen der Gewebe und ist deshalb von großer Wichtigkeit. Selbstverständlich bleibt das Spiel der zahlreichen Bündel nicht ohne Einfluß auf die Blutsinus, die sich an ihnen entlangziehen und wirkt dadurch indirekt auch auf die Atmung mit ein. Indes ist diese Beeinflussung der Sauerstoffaufnahme eine mehr zufällige. Wir können also zusammenfassend sagen: Die Fächertracheen verdanken es lediglich ihrer Lage im vorderen Teile des Hinterleibes, daß sie von einer so großen Zahl von Muskeln umgeben werden.

Die vergleichende Anatomie liefert uns einige Beweise für diese Behauptung.

1. Wenn unsere Ansicht richtig ist, so dürfen sich in der Umgebung von Fächertracheen, die nicht im vorderen Abschnitt des Hinterleibes liegen, nicht im entferntesten so viel Muskeln finden, wie es bei *Aranea* der Fall ist. Dies läßt sich auch wirklich mit aller Klarheit zeigen an Hand von Arachniden, die Fächertracheen im mittleren Teile des Hinterleibes besitzen. Es kommen dabei in Betracht: vierlungige Spinnen (Tetrapneumones = Vogelspinnen), Pedipalpi und Skorpione. Wenden wir uns zunächst den ersteren zu. Sowohl die Atypidae wie auch die Aviculariidae zeigen in der Umgebung des ersten Lungenpaares, das im vorderen Teile des Hinterleibes liegt, eine ganz ähnliche Muskulatur wie *Aranea* (Abb. 51, 52, S. 524). Dagegen verhält sich die Umgebung des zweiten Lungenpaares ganz anders. Wir finden hier lediglich vier Paar Muskeln: den Stigmenöffner (11), den Verbindungsmuskel (15), den Quermuskel (30) und Fasern, die vom Entochondriten *t9* zur Bauchwand gehen. Der Verbindungsmuskel stellt lediglich das Bindeglied zwischen den zu den Spinnwarzen ziehenden Muskeln und den im Vorderteil befindlichen Längsmuskeln dar. Die mit dem Entochondrit in Beziehung stehenden Muskelfasern besitzen ebenfalls nicht die geringsten Beziehungen zu dem Atemprozeß, so daß nur der Stigmenöffner und der Quermuskel als für die Atemorgane unentbehrliche Muskeln übrig bleiben. Dabei ist der letztere hier auffallend weit von der Fächertrachee entfernt, so daß sein Einfluß auf diese sehr zweifelhaft ist.

Ganz ähnliche Bilder zeigen sich bei dem Studium der Muskulatur der Pedipalpi. Wir besitzen darüber eine ausgezeichnete Arbeit von Börner. Auf Taf. III, Fig. 13 zeigt sie uns die Verhältnisse bei den Uropygi. Während sich in der Umgebung des ersten Fächertracheenpaares eine große Anzahl Muskeln finden, liegen dem zweiten Paare nur wenige an. Unter diesen kann nur der Stigmenöffner Einwirkung auf den Atemprozeß haben, da die anderen außer dem Verbindungsmuskel alle Längsmuskeln darstellen, die auch in den folgenden lungenlosen Segmenten sich finden. Sogar der Quermuskel fehlt hier. Ähnliche Verhältnisse bieten die Amblypygi. Nur besitzen sie den Quermuskel. Bei den Skorpionen finden sich im Bereiche der Lungen: 1. der Verbindungsmuskel, 2. ein Dorsoventralmuskel, 3. der Stigmenöffner, 4. seitliche, den Pleuren anliegende Muskeln. Blanchard bildet auch den Quermuskel mit ab, den ich in der neueren Arbeit von Beck nicht finde. Wir können also feststellen, daß die Fächertracheen immer nur dann von zahlreichen Muskeln umgeben sind, wenn sie im Vorderende des Hinterleibes liegen.

2. Nun liefert uns die vergleichende Anatomie noch einen zweiten Beweis für die Richtigkeit dieser Behauptung. Man kann nämlich ohne weiteres aus ihr folgern, daß sich bei Spinnen, die keinerlei Fächertracheen besitzen, im Vorderabschnitt des Hinterleibes eine ganz ähnliche Muskulatur befinden muß wie bei *Aranea*. Dies trifft auch zu. Während die lungenlosen Spinnen *Telema tenella* Sim. und *Apneumonella oculata* Fage noch nicht näher untersucht sind, hat Purcell eine vorzügliche Arbeit über die ebenfalls lungenlose *Caponia* erscheinen lassen. Wir ersehen daraus, daß sich im vorderen Teile des Hinterleibes hier eine der *Aranea* ganz entsprechende Muskulatur findet, obwohl gar keine Lungen, sondern Büscheltracheen vorhanden sind. Diese Muskeln können also in keinerlei Weise vom Vorhandensein der Fächertracheen bedingt sein. Der Beweis, der sich an Hand von *Caponia* erbringen läßt, ist um so sicherer, als gerade bei dieser Art das Muskelsystem im mittleren und hinteren Hinterleibsabschnitt ganz und gar verschieden von dem der anderen Spinnen gebaut sein soll.

2. *Segestria senoculata* Lin.

Die eigenartigen Dysderiden haben schon seit langem die Aufmerksamkeit der Arachnologen auf sich gezogen. Neben den Mundwerkzeugen und Geschlechtsorganen sind es besonders die Atemorgane gewesen, die im Mittelpunkte des Interesses standen. Es sind ein Paar Fächertracheen und ein Paar stark ausgebildete Röhrentracheen vorhanden (Abb. 39). Während die letzteren aber bei der Mehrzahl der Spinnen dicht vor den Spinnwarzen ausmünden, finden wir ihre Stigmen bei den Dysderiden in Gestalt von zwei Schlitzen dicht hinter den Stigmen der Fächertracheen (Abb. 33). Auch die Öffnungen der Fächertracheen unterscheiden sich von denen unserer häufigeren deutschen Arten. Sie stellen nämlich nicht die Seitenteile eines großen, über die ganze Bauchseite reichenden Schlitzes, der Epigastralspalte dar, sondern sie treten als ein Paar selbständige, isolierte Schlitze auf. Dementsprechend stellt auch die Genitalspalte einen einheitlichen Schlitz dar, der zwar die Entapophysen für die Längsmuskeln noch enthält, aber sich nicht seitlich in die Stigmen fortsetzt, wie wir es bei *Aranea* fanden. Diese Verhältnisse sind zum Teil schon lange bekannt, zum anderen Teil sind sie durch LAMY und PURCELL in neuerer Zeit klargelegt worden. Ich möchte aber noch auf einen weiteren Umstand hinweisen. Die vor den Fächertracheen liegende Gegend hebt sich besonders bei *Harpactocrates rubicundus* KOCH gegen Lungenstigmen, Genitalöffnung und die dahinterliegenden Teile des Bauches durch eine feine Furche ab. Diese Furche besteht aus einem schmalen eingelagerten Streifen aus haarlosem und anscheinend leichter faltbarem Chitin, der direkt vor den Stigmen der Fächertracheen und der Genitalöffnung verläuft. Bei flüchtiger Betrachtung scheinen dadurch die Lungenstigmen mit der Genitalöffnung in offener Verbindung zu stehen, was keineswegs der Fall ist. Die früheren Beobachter haben wohl die Tracheen, nicht aber die Lungen genauer untersucht.

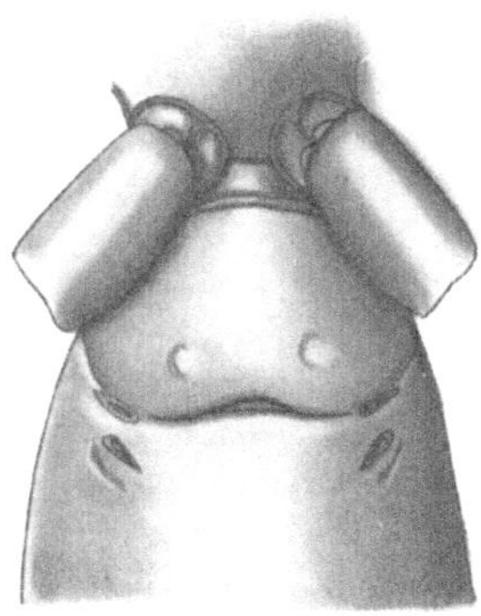

Abb. 33. *Dysdera erythrina* KOCH ♀. Der vordere Teil des Hinterleibes von unten gesehen. Schwach vergr. Man erkennt die 2 Paar Stigmen und die Genitalspalte. Die Grübchen vor der letzteren sind Muskelanheftungspunkte (4, 5).

A. Die Fächertracheen.

Die Lungendeckel.

Das über den Lungen liegende Integument ist im Gegensatz zu dem von *Aranea* nicht schon äußerlich auffallend gekennzeichnet. Es trägt wie die übrige Kutikula des Hinterleibes Haare und weist keinerlei andere Skulptur auf. Nur die etwas hellere Farbe und die stärkere Wölbung machen die Gegend der Fächertracheen von außen kenntlich (Abb. 33). Im Gegensatz dazu ist auf Schnitten das Integument der Lungendeckel sofort an seiner Hypodermis zu erkennen. Diese ist viel höher als an anderen Körperstellen (Abb. 34, 35, S. 500 f.). Sie besteht aus einem hohen Zylinderepithel mit mehr oder weniger eiförmigen Kernen nahe der Basis. Zellgrenzen sind nicht klar sichtbar, jedoch ist das Plasma der Zellen im Bereiche einer Fläche, die sich von der Zellbasis aus über den Kern hinweg ins oberste Zelldrittel erstreckt, besonders stark färbbar. Im obersten Drittel verbreitert sich der stark gefärbte Teil dann fächerförmig und erscheint hier nicht homogen, sondern fibrillär.

Die Stigmen.

Die Stigmen der Fächertracheen stellen, wie schon gesagt, zwei seitlich gelegene Schlitze dar, die in keinerlei Verbindung mit der Genitalöffnung stehen. Bei *Segestria senoculata* sind diese Verhältnisse wegen der Zartheit des Integumentes nicht besonders gut äußerlich sichtbar. Dagegen lassen sie sich bei *Dysdera* gut studieren (Abb. 33), weil hier die Winkel und Ränder des Stigmas stärker chitinisiert sind. Für gewöhnlich liegen die Ränder der Öffnung dicht aneinander und schließen sie so. Es ist jedoch ein Muskel vorhanden, der ähnlich wie bei *Aranea* an der Hinterwand des Vorhofes sich ansetzt und bei seiner Kontraktion den Stigmenhinterrand nach hinten zieht, so das Stigma öffnend.

Der Vorhof.

Das Stigma stellt den Eingang zum Atemvorhof dar, der genau wie das Stigma selbst in keinerlei Verbindung zum Genitalvorhof und seinem Partner auf der Gegenseite des Körpers steht (Abb. 39, S. 508; vgl. Abb. 42, S. 511). Er bildet nicht wie bei *Aranea* eine senkrechte Wand im Körperinnern, sondern ist etwa im Winkel von 45° nach vorn geneigt (Abb. 35 und Abb. 39, S. 508). Ein Querschnitt durch das Stigma (Längsschnitt durch das Tier) zeigt uns seinen Bau genauer. Wir unterscheiden drei Wände wie bei *Aranea*: eine hintere, eine vordere und eine untere. Hinter-

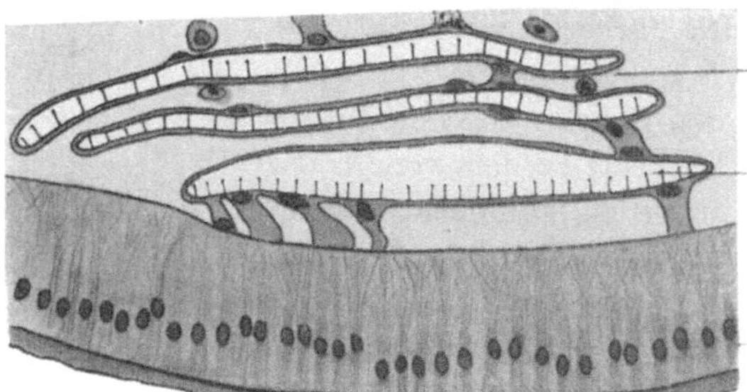

Abb. 34. *Segestria senoculata* LIN. ♂. Querschnitt durch die untersten Sacculi und den ihnen benachbarten Teil des Lungendeckels. Stark vergr. B = Blutraum der Fächertrachee; H = Hypodermis des Lungendeckels; S = Sacculus.

und Vorderwand stoßen medial (im Schnittbild dorsal) in einem spitzen Winkel zusammen, so den First des Vorhofes bildend (Abb. 35, 39).

Die Hinterwand des Vorhofes ist nahe beim Stigma noch ähnlich wie das Integument der Bauchfläche gestaltet. Dann verschmälert sie sich und es tritt ein Besatz von verästelten Säulen auf ihrer Oberfläche auf. Diese entsprechen ganz den gleichen Gebilden von *Aranea*, nur sind sie viel höher, wie es schon BERTEAUX von *Segestria florentina* beschreibt. Ein weiterer Unterschied gegen *Aranea* zeigt sich noch darin, daß die Hinterwand des Vorhofes bei dieser sehr weit nach hinten ausgebuchtet war (Abb. 4, S. 469), während sie bei *Segestria senoculata* in geringem Abstande parallel zur Vorderwand läuft. Die Unterwand des Vorhofes wird vom umgeschlagenen Stigmenvorderrand gebildet und ist bei unserer Art ganz besonders kurz.

Die Vorderwand wird wie bei *Aranea* von parallelen Schlitzen in ganzer Breite durchsetzt (Abb. 35, 39). Die Zahl derselben ist auffallend gering. Ich fand im Höchstfalle 20—24 Fenster, während BERTKAU 10 angibt. Seine geringere Zahl erklärt sich wohl daraus, daß er die zu den Schlitzen gehörigen Lungentaschen an Totalpräparaten gezählt hat. Die äußerst zarte Beschaffenheit derselben hat ihn gehindert, die kleineren Sacculi zu erkennen. Ich dagegen habe meine Zahl an Querschnitten gewonnen. Die zwischen den Schlitzen befindlichen Pfeiler sind wie bei *Aranea* mit Säulchen besetzt, die sich in Äste gabeln und durch diese mit ihren Nachbarn in Verbindung treten.

Die Atemtaschen.

Die Schlitze der Vorhoffenster bilden die Eingänge zu ebensoviel Atemtaschen. Die Gestalt derselben ist ganz ähnlich wie bei *Aranea*.

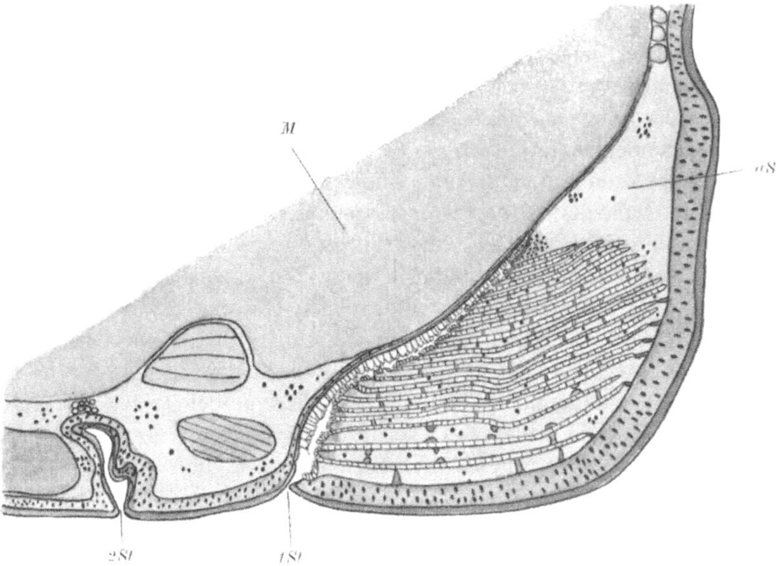

Abb. 35. *Segestria senoculata* Lin. Längsschnitt durch die Fächertrachee und den seitlichen Teil des Tracheenvorhofes. 90 × vergr. *aS* = abführender Sinus; *M* = Mitteldarmdrüse; *1 St* = Lungenstigma; *2 St* = Tracheenstigma.

Auch trägt ihr Boden zahlreiche senkrechte Chitinstifte, die das Aufeinanderlegen von Boden und Decke verhindern. Die Hypodermis der Sacculi entspricht ebenfalls im wesentlichen unserer Schilderung der Kreuzspinne. Nur die Zahl der Lungentaschen ist entsprechend der der Vorhoffenster viel geringer als bei der zuerst genannten Art. Dies findet leicht seine Erklärung darin, daß die Tracheen bei unserer Art einen großen Teil der zu leistenden Sauerstoffaufnahme übernommen haben.

Die Anheftung der Atemtaschen an ihrer Umgebung.

Wie bei *Aranea*, so werden auch bei *Segestria* die Lungentaschen durch Bänder in horizontaler Lage an den umgebenden Organen aufgehängt. Die letzteren setzen sich zusammen aus: Körperwand, Genitalausfuhrgängen, Mitteldarmdrüsendivertikeln, Muskeln und den Tracheen (Abb. 35, 37). Mit Ausnahme der Tracheen zeigen die genannten Organe einen ganz ähnlichen Verlauf wie bei *Aranea*. Wir betrachten zunächst die Anheftung der Sacculi am Integument. Als Spezialfall ist zunächst die unterste Atemtasche zu erwähnen. Sie verläuft dicht über dem Lungendeckel. Ihre Unterseite ist nun in ganzer Breite durch zahlreiche schmale Plasmabrücken, die einen Kern enthalten, mit der Hypodermis des darunterliegenden Lungendeckels verbunden (Abb. 34, 35). Die Verbindungsstücke zeigen in ihrem Inneren keine Faserstruktur. Sie machen ganz denselben Eindruck wie die zwischen den anderen Sacculi befindlichen Zellsäulchen, die sich aus der Hypodermis der betreffenden Atemtaschen herleiten lassen. Ich halte es daher für wahrscheinlich, daß sie diesen entsprechen, also kernhaltige Ausbuchtungen der Hypodermis der unteren Atemtaschenwand darstellen, die in diesem Falle an die Lungendeckel herantreten.

Die anderen Lungentaschen sind (wie bei *Aranea*) so gelagert, daß nur ihre Außenkante dem Lungendeckel benachbart ist (Abb. 36, 37). Demzufolge weist auch nur diese Verbindungsstücke auf, die zur Hypodermis des Lungendeckels ziehen. Im großen ganzen ist dies jedoch allein bei der unteren Hälfte der Sacculi der Fall. Die oberen Sacculi heften sich lateral nicht fest. (Eine Ausnahme davon macht die Gegend nahe der Spitze der Atemtaschen.) Die Verbindungsstücke selbst lassen keinerlei Faserstruktur erkennen. Auch sind ihre Kerne nicht gestreckt, sondern eiförmig. An ihrer Ansatzstelle ist oft die Hypodermis des Lungendeckels kegelförmig erhoben und läßt Fibrillen erkennen, die von der Basis gegen die Anheftungsstelle hin ziehen.

An die Spitze der Sacculi setzen sich Bindegewebsfäden an, die langgestreckte, schmale Kerne enthalten und nach vorn zur Körperwand ziehen. Ob sie hier wie bei *Aranea* die Hypodermis durchdringen, vermochte ich nicht festzustellen, wie überhaupt die feineren Strukturen der Haltebänder bei *Segestria* infolge ihrer Zartheit ziemlich schwer zu erkennen sind.

Auch die medialen Kanten der Sacculi werden an der Umgebung befestigt. Zunächst wollen wir ihre Anheftung am absteigenden Aste des Genitalganges erwähnen. Dieser ist mit einer faserigen Bindegewebshülle bekleidet. An diese Bekleidung setzen sich nun die von den benachbarten Atemtaschen kommenden Haltebänder an. Es erstrecken sich in dieser Region auch Verbindungsbänder von den an den Geschlechtsausführungsgängen befestigten Sacculi senkrecht nach oben zu den darüberliegenden, so daß auch diese, wenn auch indirekt, am Genitalausführungsgang befestigt sind. Gleichzeitig ziehen von diesen höher gelegenen Atemsäckchen faserige Befestigungsstränge zu den Tracheenkapillarenbündeln und vereinigen sich mit deren Bindegewebshülle. Weiter vorn ziehen diese Faserzüge nicht mehr an die Kapillarenbündel, sondern schräg nach oben zu der Stelle, wo sich die Stieldecke an den Hinterleib anheftet. Alle diese Haltebänder lassen ihre Faserstruktur deutlich erkennen. Schließlich sind noch einzelne zu den Muskeln und zur Mitteldarmdrüse gehende Bänder zu erwähnen.

Nahe dem Vorderende der Taschen ziehen Bindegewebsfasern von der Bauchwand des Körpers aus an den medialen Kanten der Sacculi vorbei

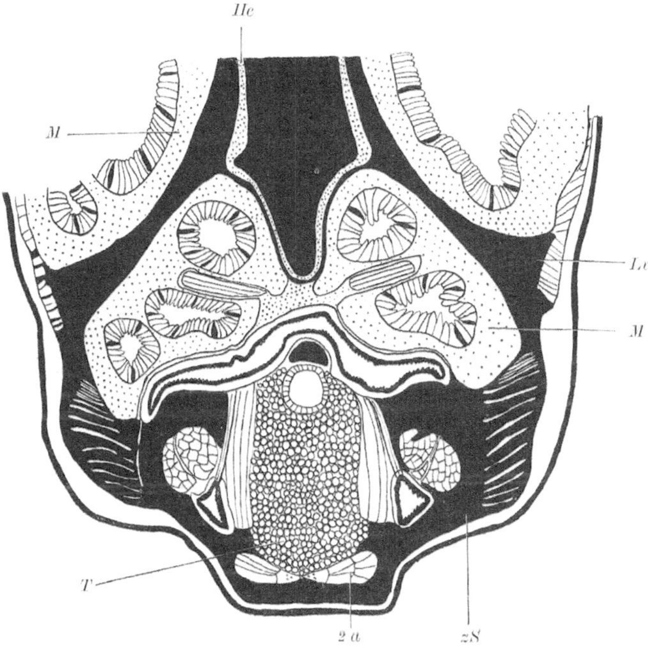

Abb. 36. *Segestria senoculata* Lin. Querschnitt durch den unteren Teil des Hinterleibes nahe der Stirnseite. 55 × vergr. Die Bluträume sind schwarz ausgezogen, die Zahl der eingetragenen Sacculi ist stark verringert und die Epithelien der Organe sind schematisiert worden. *He* = Herz mit umgebendem Pericard; *Lv* = Lungenvene; *M* = Mitteldarmdrüse; *zS* = zuführender Sinus; *T* = Tracheenkapillaren; 2 = Muskel 2.

senkrecht nach oben bis an die Anheftungsstelle vom Stieldach ans Abdomen (Abb. 36). Auch an diese Vertikalbänder sind die Kanten der Sacculi befestigt. Die vorliegende Schilderung zeigt, daß zwischen den Fächertracheen von *Aranea* und denen von *Segestria* in bezug auf die Befestigung der Atemtaschen an ihrer Umgebung keinerlei durchgreifende Unterschiede bestehen.

Die zu den Fächertracheen in Beziehung stehenden Blutbahnen.

Auch bei *Segestria senoculata* wird den Fächertracheen das venöse Blut sowohl von der Kopfbrust wie auch vom Hinterleib zugeführt. Die beiden Bahnen treffen zusammen und bilden einen zwischen beiden Fächertracheen gelegenen paarigen Sinus. Wir schildern den Verlauf desselben wieder an Hand von Querschnitten, die von vorn nach hinten aufeinanderfolgen. Die Hämolymphe, wie wir die Körperflüssigkeit der Spinnen eigentlich bezeichnen müßten, strömt vom Ventralsinus der Kopfbrust aus in zwei Seitensinus durch den Stiel. Boden, Decke, und laterale Wand eines jeden solchen Sinus werden ganz wie bei *Aranea* von dem Integument des Stieles gebildet. Die mediale Wand wird durch die senkrecht verlaufenden Muskeln 6 und 7, sowie durch die Tracheenkapillaren, die als mächtiges Bündel in der Mitte des Stieles dahinziehen, dargestellt. Beim Übergang des Stieles in den Hinterleib kommen zunächst

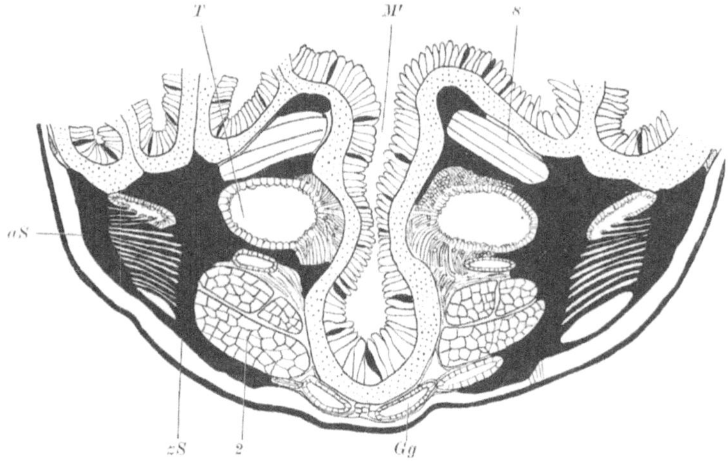

Abb. 37. *Segestria senoculata* LIN. Querschnitt, der weiter hinten geführt ist als Abb. 36. 55 × vergr. *aS* = abführender Sinus; *Gg* = Genitalgang; *M'* = ventraler Blindschlauch der Mitteldarmdrüse; *T* = quergeschnittene Röhrentrachee mit davon ausgehenden Kapillaren; *zS* = zuführender Sinus; *2* = Muskel 2, darüber Genitalgang; *8* = Muskel 8. Vgl. Text zu Abb. 36.

seine Seitenwände und sein Boden in Wegfall, während sich sein Dach ein Stück ins Innere des Hinterleibes einstülpt (Abb. 36, vgl. Abb. 13, S. 477). Durch den Wegfall der Seitenwände kommt jeder der Seitensinus direkt an die Innenseite einer Fächertrachee zu liegen. Dorsal wird ein solcher Blutraum jetzt begrenzt vom Stieldach und Divertikeln der Mitteldarmdrüse, nach der Mitte zu dagegen durch die vertikalen Stielmuskeln 6 und 7. Jedoch zieht der letztere dieser Muskeln schräg nach vorn, heftet sich also erst im Stiel an. Deshalb bleibt hier im Inneren des Abdomens zwischen ihm und der Bauchwand eine Lücke. Diese Lücke gestattet der Leibesflüssigkeit den Durchtritt zum gleichen Sinus der anderen Körperseite. Weiter hinten wird dieser Durchgang durch einen ventralen Ausläufer der Mitteldarmdrüse geschlossen. Dieser so tief nach unten reichende Blindschlauch kommt vom Mitteldarm her, der über dem Kapillarenbündel verläuft (Abb. 36). Er senkt sich in der Gegend, wo dieses Bündel in zwei Teile auseinanderweicht, von denen ein jedes in einen Hauptstamm der Tracheen einmündet, in die zwischen den Kapillarenbüscheln entstandene Lücke und gelangt so bis zur Bauchwand des Körpers (Abb. 37).

Auf demselben Niveau weicht der dorsale Teil der Mitteldarmdrüse etwas nach oben zurück, so daß sich der zuführende Sinus dorsal bis über das Horn hinaus erstreckt (Abb. 37). Die mediale Wand des Blutraumes wird hier von den Längsmuskeln, den vorderen Hauptstämmen der Tracheen, den Geschlechtsausfuhrgängen und dem ventralen Blindschlauch der Mitteldarmdrüse hergestellt. Wir gelangen nun in die Gegend vor dem Genitalvorhof. Der Sinus wird dabei etwas schmäler. Er zieht aber ohne Richtungsänderung zwischen Atem- und Geschlechtsvorhof in voller Höhe hindurch, da beide bei *Segestria* nicht zu einer einheitlichen Querwand verbunden sind. Längsschnitte, die durch den medialsten Teil des Atemvorhofes gelegt sind, zeigen dies sehr klar (Abb. 40, S. 509). Indessen bieten auch Horizontalschnitte ein gutes Bild davon, sofern sie nicht den zwischen Fächertrachee und Geschlechtsvorhof ausgespannten Entochondriten *t*8 in voller Breite treffen (Abb. 38, S. 507). Auf dem Querschnitt Abb. 42, S. 511, sehen wir ebenfalls den breiten Sinus zwischen dem Ansatzpunkt des Atemvorhofes und dem Genitalvorhof in voller Breite hindurchziehen.

Da der ventrale Leberblindschlauch sich hier stark nach oben zurückzieht, um über den First des Genitalvorhofes hinwegzugelangen, entsteht hier — also direkt vor dem Genitalvorhof — wieder ein Durchgang, der dicht über der Bauchwand die zuführenden Sinus beider Körperseiten miteinander verbindet (Abb. 42).

Der Sinus umgibt nun den Tracheenstamm mit Ausnahme der Stellen, wo diesem die Mitteldarmdrüse oder andere Organe anliegen (Abb. 40, S. 509). Auch die Hinterwand des Atemvorhofes wird von ihm bis zu einer gewissen Höhe umspült (Abb. 35, 40). So folgt denn der Sinus in unregelmäßiger Gestalt den Tracheen. Er zieht an ihrem Stigma vorbei bis ans Ende ihres hinteren Hauptstammes. Von hier an ist er auf die nächste Umgebung der ventralen Längsmuskeln beschränkt, denen er in die hinteren Abschnitte des Abdomens folgt.

In dem beschriebenen, langen, paarigen Sinus, der den ganzen Hinterleib durchzieht, finden wir nun zwei Strömungsrichtungen. (Wenigstens läßt sich dies durch Analogieschlüsse erschließen.) Einmal ist ein Strom vorhanden, der Hämolymphe von der Kopfbrust durch den Stiel in den Sinusabschnitt zwischen den Fächertracheen treibt. Zum anderen haben wir einen Blutstrom, der vom hinteren Teile des Abdomens her an den Längsmuskeln entlang in den Sinus der Röhrentracheen fließt und zwischen Genital- und Atemvorhof hindurch zu den Sinus der Fächertracheen gelangt, diesen das venöse Blut des Hinterleibes zuführend.

Der zwischen den Fächertracheen befindliche zuführende Sinus besitzt keinerlei Ausgänge. Das Blut muß deshalb zwangsläufig in die Zwischenräume der Fächertracheen eintreten. Auf die Strömung wird sowohl der Druck des dauernd von vorn und hinten in Pulsstößen einfließenden Blutes wie auch eine Ansaugwirkung des Herzens — die sich durch die Lungenvene hindurch bemerkbar macht — von Bedeutung sein. Aus den Bluträumen der Fächertracheen gelangt dann die nun oxydierte Hämolymphe in den abführenden Sinus. Er dehnt sich zwischen der Fächerlunge und der Körperwand aus. Nach der Körperregion zu, die hinter den Fächertracheen liegt, ist er völlig abgeschlossen durch Divertikel der Mitteldarmdrüse. Seitlich wird er von der Körperwand begrenzt (Abb. 37). Seine Decke wird von der Mitteldarmdrüse gebildet. So steht er in keinerlei Verbindung mit den Bluträumen des Körpers. Nur durch die Lungen hindurch kann Blut in ihn hineingelangen. Er erstreckt sich bis ans Ende der Atemtaschen. Dort weichen die Drüsendarmdivertikel über ihm etwas auseinander, so daß ein schräg nach oben ziehender Kanal, dicht unter dem Integument entsteht: die Lungenvene (Abb. 36). Sie mündet in das Pericard, das das in der Mittellinie des Körpers verlaufende Herz umgibt. Auf diesem Wege gelangt das sauerstoffreiche Blut aus den Fächertracheeen zum Herzen, das gegenüber der Stelle, wo die Lungenvenen ins Pericard münden, ein Paar Ostien besitzt. (Im Querschnitt, Abb. 36, nicht getroffen.) Die Pericardwand setzt sich wie bei *Aranea* in die Lungenvenenwand fort. Sie bildet auch die Decke des schmalen abführenden Sinus. Der Längsschnitt (Abb. 35) zeigt, wie sie sich an den Vorhof anheftet. Sie ist von faseriger Struktur und enthält langgestreckte Kerne.

Zusammenfassend läßt sich von den Fächertracheen von *Segestria* sagen, daß sie sowohl in ihrem Bau, wie auch in ihren Beziehungen zu benachbarten Organen und in bezug auf ihre Blutsinus keinerlei prinzipielle Verschiedenheiten von *Aranea* zeigen. Mit Ausnahme der Trennung von Atem- und Genitalvorhof lassen sich alle Abweichungen auf die geringere Größe des Tieres und den Einfluß der großen Röhrentracheen zurückführen.

B. Die Röhrentracheen.

Die Röhrentracheen der Spinnen sind durch Dufour und Dugès bei den Dysderiden entdeckt worden. Später hat sie dann Menge bei einigen anderen Spinnen festgestellt. Danach hat Bertkau unter anderem auch die Tracheen der Dysderiden gut beschrieben. In ähnlicher Weise ist das Chitinskelett derselben nachher von Lamy und Purcell untersucht worden. Die Untersuchungen der drei letztgenannten Autoren geben ein gutes Bild des Baues, jedoch beziehen sie sich nur auf das Chitinskelett.

Das Stigma.

Die Stigmen der Röhrentracheen liegen dicht hinter denen der Fächertracheen, ein wenig mehr der Mittellinie des Körpers genähert. Sie stellen Schlitze dar, die von einem Chitinrahmen umfaßt werden (Abb. 33, S. 499). Bei *Harpactocrates* und *Dysdera* sind sie leichter sichtbar als bei *Segestria*. Horizontalschnitte zeigen die bisher nicht genauer bekannte Öffnungsmuskulatur, die sich an den weichhäutigen Anfangsteil der Trachee ansetzt (Abb. 38, 40). Wir unterscheiden einen vorderen und einen hinteren Stigmenöffner. Der erstere nimmt seinen Ursprung am Entochondriten des Genitalsegmentes (*t*8) und setzt sich an die Vorderwand des Tracheenanfanges an. Seine Kontraktion erweitert dessen Lumen und zieht wahrscheinlich gleichzeitig den Stigmenvorderrand vorwärts. Der andere Stigmenöffner setzt sich dagegen an die Hinterwand des Tracheenanfanges an. Er besteht aus mehreren Bündeln, die nach verschieden langem Verlaufe sich an die Körperwand ansetzen (Abb. 38, 40). Ihre Kontraktion erweitert den Anfangsteil der Trachee und zieht wahrscheinlich den Hinterrand des Stigmas nach hinten, dieses so öffnend. Dieser Muskel ist von PURCELL bereits beschrieben worden.

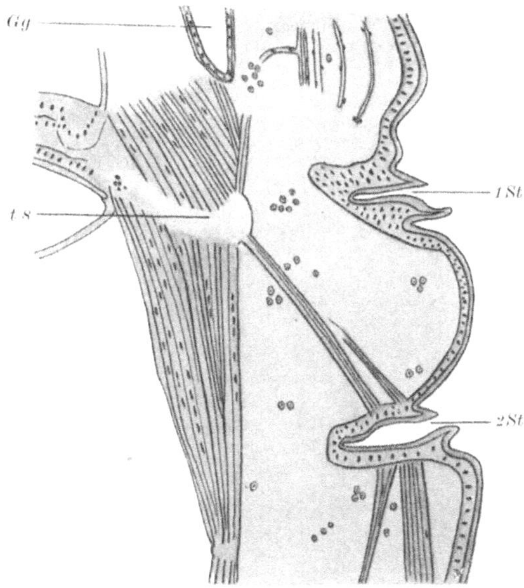

Abb. 38. *Segestria senoculata* LIN. Horizontalschnitt durch beide Stigmen. 110 × vergr. *Gg* = Genitalgang; *1 St* = Stigma der Fächertracheen; *2 St* = Stigma der Röhrentracheen; *t8* = Entochondrit des Lungensegmentes mit den ventralen Längsmuskeln.

Die Trachee.

Die Röhrentrachee der Dysderiden setzt sich zusammen aus: dem vorderen Hauptstamm, dem hinteren Hauptstamm, dem Anfangsteil der Trachee, der beide miteinander und mit dem Stigma verbindet, und den Kapillaren (Abb. 39, 40).

Vom Stigma aus gelangt man in den Anfangsteil der Tracheen, der zunächst aus dünnem, leicht faltbaren Chitin ohne Stiftchen besteht, an dem die Stigmenöffner inserieren (Abb. 40). Hier findet sich eine nach der Mittellinie des Körpers hin gerichtete hohle Ausbuchtung, die als Entapophyse dem Entochondriten *t*9 zur Anheftung dient. Nach vorn und hinten schließen sich die Hauptstämme der Trachee an. Die Grenze gegen den vorderen Hauptstamm erkennt man sehr leicht an einer ventralen Einknickung und einer dorsalen Einbuchtung der Wand, die schon im Totalpräparat den Anfang des vorderen Hauptstammes von dem des hinteren Hauptstammes abgrenzen läßt (Abb. 39, 40).

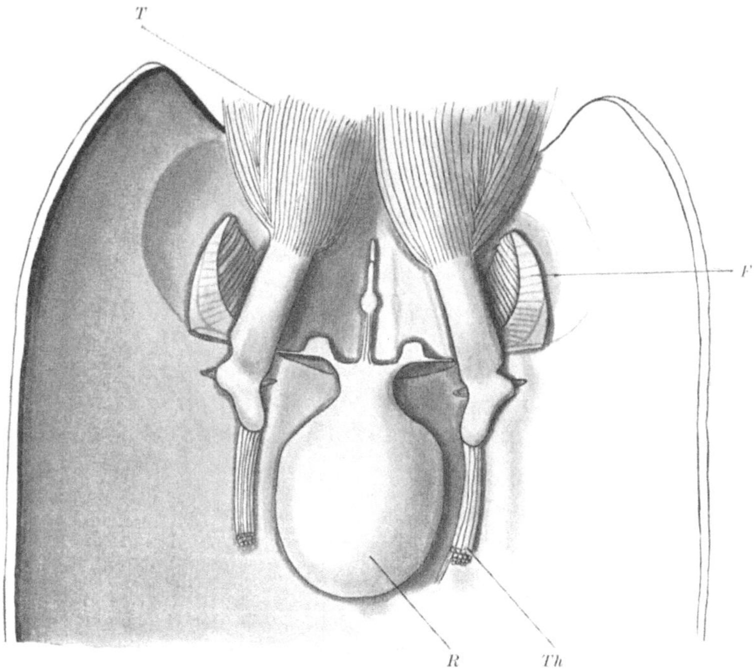

Abb. 39. *Harpactocrates rubicundus* C. L. KOCH ♀. Mazerationspräparat der Atemorgane. Abdomen dorsal geöffnet und seine Wände etwas ausgebreitet. 25 × vergr. *F* = Fächertrachee; *R* = Receptaculum; *T* = Tracheenkapillaren des vorderen Hauptstammes (da das Abdomen ausgebreitet worden ist, sind die sonst fest zusammengelegten Bündel pinselartig auseinandergespreizt); *Th* = Tracheenkapillaren des hinteren Hauptstammes.

Der vordere Hauptstamm verläuft als Rohr von etwa eiförmigem Querschnitt schräg nach vorn innen und oben gegen den Stiel hin (Abb. 39, 40, 37, 42). Er erreicht letzteren jedoch nicht, sondern endigt vorher. Von seiner Endfläche entspringen zahlreiche sehr schmale Kapillarröhrchen, die sich eng aneinandergedrängt zur Bauchseite senken (Abb. 37). Hier vereinigen sie sich mit den Tracheenkapillaren der anderen Körperseite zu einem einzigen mächtigen Bündel, das durch den Stiel hindurch in die Kopfbrust zieht und sich erst hier aufteilt (Abb. 36). Die Kapillaren laufen nun zu den verschiedensten Organen, um sie mit Sauerstoff zu versorgen.

Der Aufbau der Wandung des Hauptstammes ist durch die guten Arbeiten von Berteaux und Lamy bekannt geworden. Seine Chitinintima trägt zahlreiche senkrechte Stifte, die an ihrer Spitze horizontale Seiten-

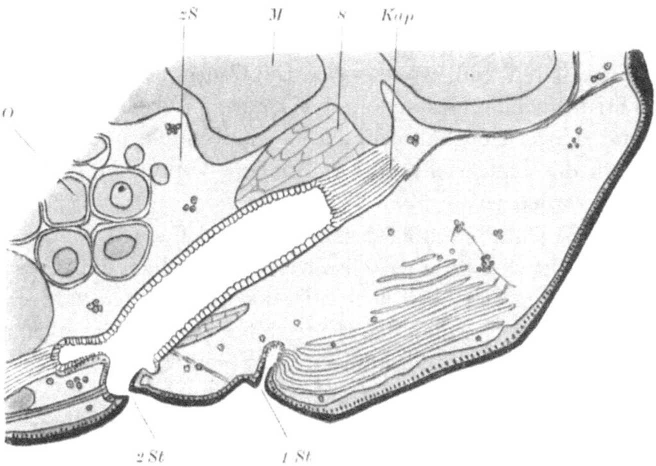

Abb. 40. *Segestria senoculata* Lin. ♀. Längsschnitt durch eine Röhrentrachee. 70 × vergr. *Kap* = Tracheenkapillaren; *M* = Mitteldarmdrüse; *O* = Ovarium; *1 St* = Stigma der Fächertracheen; *2 St* = Stigma der Röhrentracheen; *zS* = der die Tracheen umgebende Teil des zuführenden Sinus; *8* = Muskel 8.

äste abgeben, die zu den Nachbarstiften ziehen (Abb. 42). Die horizontalen Seitenäste sind nun nicht drehrund, sondern flachgedrückt. Sie erweitern sich vor ihrer Anheftung an den senkrechten Stiften beträchtlich. So kommt nicht ein maschiges Gewebe wie an der Hinterwand des Lungenvorhofes zustande, sondern eine von vielen rundlichen Löchern durchbrochene Wand, die den senkrechten Stiften aufsitzt (Abb. 41). Die Trachee besitzt also inwärts von ihrer Intima eine Art zweite Wand, die von zahlreichen Öffnungen durchbrochen ist und auf senkrechten Chitinstiften steht. Die Bedeutung dieses Gebildes wird zum Teil darin liegen,

a

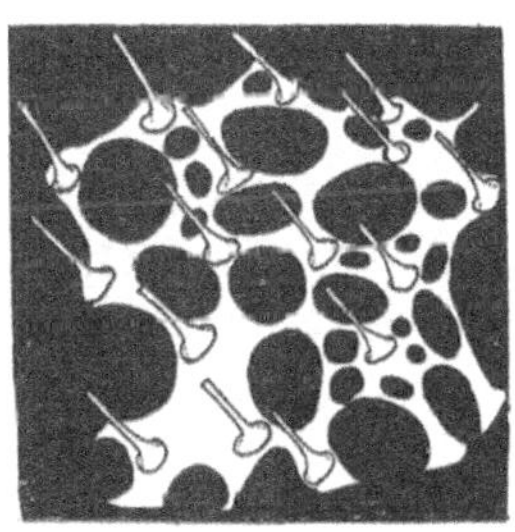

b

Abb. 41. *Segestria senoculata* Lin. ♂. Die Intima des vorderen Hauptstammes der Tracheen. 850 × vergr. a Schnitt. *I* = Intima; *Sä* = darauf stehende Säulchen; *W* = durch die Seitenzweige der Säulenenden gebildete innere Wand. b Ein Stück der durch die Verzweigung der Säulenenden entstehenden inneren Wand auf einer schwarzen Fläche ausgebreitet. Die Gestalt der Säulchen konnte nur ganz schematisch angedeutet werden. 850 × vergr.

daß es ein Zusammendrücken des Tracheenlumens verhindert (vgl. S. 549). Die ganze Trachee wird von einer deutlichen Hypodermis umhüllt, die elliptische Kerne besitzt. An den Stellen, wo Muskeln an der

Trachee vorbeiziehen, ist sie oft abgerieben oder wenigstens stark verschmälert. Die siebartig durchbrochene Vorderwand des Hauptstammes, von der die Tracheenkapillaren ausgehen, zeigt zahlreiche Chitinstifte zwischen den Öffnungen der Kapillaren. Die Kapillaren selbst sind dünne Chitinröhren von etwa 3—6 μ Durchmesser. Ihre Intima läßt keinerlei Struktur oder Bestachelung erkennen. Die Hypodermis ist sehr niedrig und schwer sichtbar. Die Kerne sind schmal und langgestreckt. Sie liegen in der Längsrichtung des Rohres. Verzweigungen sind nicht beobachtet worden (Abb. 39).

Der hintere Hauptstamm ist sehr kurz und flachgedrückt (Abb. 39, 40). Er erstreckt sich direkt nach hinten. Von seinen Seiten und seiner Hinterfläche (zum Teil auch seiner Decke) entspringen zahlreiche Kapillaren, die zu den Organen des Hinterleibes ziehen. Die Intima ähnelt ganz der des vorderen Hauptstammes, nur sind an der Decke die Säulchen etwas höher und am Boden nehmen sie nach dem Anfangsteil der Trachee zu schnell an Höhe ab, um schließlich ganz zu verschwinden.

Die Aufgabe der Tracheen besteht darin, den Organen den Sauerstoff direkt zuzuführen, während die Fächertracheen den Sauerstoff nur an die Hämolymphe abgeben, die dann den Transport besorgt. Die Luft würde also durch die Hauptstämme in die Kapillaren gelangen. Diese führen sie direkt den Organen zu. Eine vorzeitige Entnahme des Sauerstoffes wird verhindert, indem die Kapillaren in Bündeln ziehen. Dadurch kommen die meisten nicht mit den auf ihrem Wege liegenden Organen in Berührung. (Die vorderen Kapillaren müssen sich auch deshalb zusammenschließen, weil sie den engen Stiel durchqueren müssen, um an ihre Wirkungsstätte zu gelangen!) Die Lage der Tracheen in einem Blutsinus könnte dazu verleiten, anzunehmen, daß ihre Hauptstämme auch die Hämolymphe mit Blut anreichern. Dagegen spricht einmal die Tatsache, daß dann stark mit Kohlensäure durchsetzte Luft in die Kapillaren gelangen würde. Zum anderen scheint die starke Hypodermis der Hauptstämme nicht zum Durchlaß der Atemgase geeignet (man vergleiche die so dünne Hypodermis der Atemsacculi der Fächertracheen). Außerdem passiert die im Tracheensinus befindliche Hämolymphe ja sowieso noch die Fächertracheen, ehe sie ins Herz gelangt. Es ist nicht ersichtlich, warum sie da vorher schon einmal zum Teil wenigstens oxydiert werden sollte. Ich neige deshalb dazu, anzunehmen, daß die wesentliche Bedeutung der Tracheen nur in der direkten Zuleitung des Sauerstoffes zu den Organen liegt, wobei der vordere Hauptstamm nur die Kopfbrust, der hintere dagegen den Hinterleib versorgt.

Die Muskulatur des vorderen Hinterleibsabschnittes.

Die Muskulatur des Hinterleibes von *Segestria senoculata* ist 1910 von PURCELL genau beschrieben worden. Meine Ergebnisse stimmen mit den seinigen vollkommen überein, mit Ausnahme von ganz wenigen Kleinigkeiten, die bei Besprechung der einzelnen Muskeln kurz erwähnt werden sollen. Im wesentlichen ist die Muskulatur der von *Aranea* sehr ähnlich. Es fehlen jedoch der obere Längsmuskel und der 2. Dorsoventralmuskel, der vom Entochondriten des Lungensegmentes zur Körperdecke zieht. Weiter sind manche Muskeln viel kürzer, da bei *Segestria* das 3. Hinterleibssegment nicht bis in die Gegend der Spinnwarzen reicht, sondern sehr kurz ist.

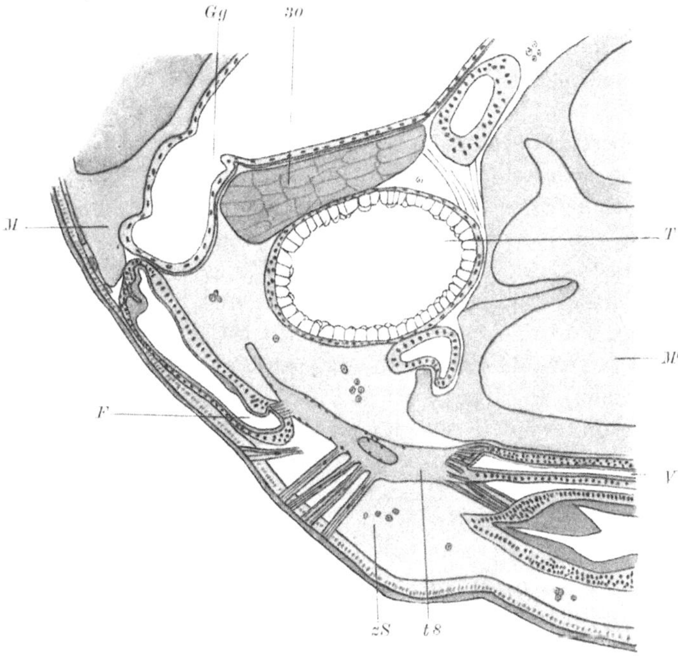

Abb. 42. *Segestria senoculata* LIN. Linke Hälfte eines Querschnittes, der durch den Entochondriten *t* 8 führt. 90 × vergr. *F* = Vorhof der Fächertracheen (nahe Stigma getroffen); *Gg* = Genitalgang; *M* = Mitteldarmdrüse; *M'* unterer Blindschlauch der Mitteldarmdrüse, den Genitalvorhof überschreitend; *T* = vorderer Hauptstamm der Trachee, quer getroffen; *t* 8 = Entochondrit *t* 8; *V* = Genitalvorhof; *zS* = zuführender Sinus beim Durchtritt zwischen Atem- und Genitalvorhof.

Für unsere Untersuchung sind 3 Paar Entochondriten wichtig. Der erste (*t* 8) sitzt dem Genitalvorhof auf der einen Seite und dem Lungenvorhof auf der andern Seite an. Er bildet gewissermaßen eine Brücke zwischen beiden (Abb. 42, 38). Dahinter findet sich der Entochondrit *t* 9, der an die Entapophyse des Tracheenhauptstammes angeheftet ist. Ein dritter Entochondrit (*t*) liegt direkt der Körperhaut an, dicht hinter den Tracheenstigmen. Von außen ist sein Ansatzpunkt am lebenden Tier als leichte Einsenkung sichtbar (Abb. 33, S. 499).

Der Öffner des Lungenstigmas (11) nimmt seinen Ursprung am Entochondriten *t*. Von hier aus verläuft er schräg nach vorn und medialwärts und inseriert an der Hinterwand des Atemvorhofes. Bei seiner Kontraktion wird diese nach hinten gezogen und so das Stigma geöffnet.

Der hintere Tracheenöffner besteht aus mehreren Bündeln. Alle setzen an der Hinterwand des Tracheenvorhofes an. Während einige nach kurzem Verlaufe zur Körperwand treten, zieht ein Bündel sehr weit nach hinten (Abb. 38, 40). Seine Endigung konnte ich leider nicht mit Bestimmtheit finden. PURCELL gibt an, es setze sich an das Integument an. Auch an die Vorderwand des Anfangsteiles der Röhrentracheen heften sich kleine Bündel (Abb. 38). Sie kommen vom Entochondriten des Lungensegmentes *t*8. Es ist anzunehmen, daß auch sie als Stigmenöffner wirken. Vielleicht sind sie als Teile des Muskels 16 zu betrachten.

Der obere Längsmuskel (*A*) ist bei *Segestria* nicht vorhanden. Der untere Längsmuskel (1, 2) zerfällt in 3 Paar Stränge. Sie alle inserieren am Endochondriten *t*8. Der erste (1) nimmt seinen Ursprung an der Stirnwand des Körpers jederseits der Stielmündung etwa in Höhe des Darmrohres. Das andere Paar (2*b*) hat seinen Ursprungspunkt eine Strecke darunter, während das dritte Paar vom Boden des Stielanfanges herkommt, wo beide Partner dicht nebeneinander am Chitin sitzen, um im weiteren Verlaufe stark zu divergieren (2 *a*) (Abb. 36).

Der Endosternitmuskel (3) soll nach PURCELL ebenfalls vorhanden sein. Ich konnte ihn aber weder auf Querschnitten noch auf Horizontal- oder Längsschnitten finden.

Der schräge Muskel (8) hat seinen Ursprung an der Stirnwand des Hinterleibes zu beiden Seiten der Anheftung des Stieldaches. Er verläuft von dort aus über den Fächertracheen schräg nach hinten-außen zur Körperwand, wo er an dem mächtigen Entochondriten *t* hinter dem Stigma der Röhrentracheen inseriert (vgl. Abb. 30, S. 494).

Der kurze Längsmuskel (5) nimmt an der Stirnwand des Hinterleibes dicht bei Muskel 1 seinen Ursprung und zieht zur Bauchfläche, wo er eine Strecke vor der Genitalöffnung zwischen den Fächertracheen anheftet. Während bei *Aranea* beide Partner dieses paarigen Bündels dicht nebeneinander inserieren, sind hier bei *Segestria* ihre Insertionsstellen weit voneinander getrennt (vgl. Abb. 33). Der Verbindungsmuskel (15) wird durch mehrere Stränge dargestellt, die den Entochondriten des Lungensegmentes (*t*8) mit dem der Röhrentracheen (*t*9) verbinden. Von letzterem verlaufen Längsmuskeln nach hinten zu den Spinnwarzen. Der Quermuskel (30) verbindet den Entochondriten des Lungensegmentes *t*8 mit dem der Haut (*t*). Er verläuft nicht wie bei *Aranea* senkrecht zur Längsachse des Körpers, sondern schräg dazu von innen-vorn nach außen-hinten.

Ganz dicht hinter der Insertion des Muskels 5 an der Bauchwand nimmt der Muskel 4 seinen Ursprung. Er zieht schräg nach oben und hinten zum Entochondrit *t*8. Wie bei *Aranea* finden sich daneben noch eine ganze Anzahl schwächere Fasern (4a), die zwischen dem Entochondriten und der vor ihm gelegenen Region der Bauchwand verlaufen. Jedoch heften sich alle diese Fasern näher der Genitalspalte an als Muskel 4.

Mehrere ähnliche schmale Bündel ziehen zur hinter dem Entochondriten gelegenen Zone der Bauchwand und zur Seitenwand des Körpers (16). Gleiche Muskeln sendet auch der Entochondrit *t*9 aus (13). Auch vom Entochondriten *t*, der der Bauchwand ansitzt, gehen Zweige zur Bauchwand (14). Vom Entochondriten der Trachee (*t*9) aus zieht schließlich noch ein Muskelpaar nach vorn-medial und heftet sich an der Hinterwand des Genitalvorhofes an, dicht über dem Eingang (17).

Wie bei *Aranea* enthält der Stiel zwei Paar Dorsoventralmuskeln. Das eine (6) zieht fast senkrecht von der Stieldecke zum Boden (Abb. 36). Das andere dagegen verläuft schräg vom hinteren Ende des Stieldaches nach vorn zum Stielboden (7). Ein anderes Muskelpaar (9) geht von der Stelle, wo Stiel und Hinterleib aneinandergrenzen und letzterer sich über ersteren nach vorn umschlägt, zur Stirnwand des Hinterleibes (vgl. Abb. 30). Außerdem ist noch ein Dorsoventralmuskel vorhanden, der dicht hinter Muskel 9 seinen Ursprung hat und nach oben zur Rückendecke zieht (10). Die beim Weibe vorhandenen Receptacula sind mit vielen quergestreiften Muskeln versehen, die wahrscheinlich zu ihrer Entleerung dienen.

3. *Caponia capensis* Purcell.

Die Familie der Caponiidae wird durch die sonderbaren zweiäugigen Gattungen *Nops* und *Caponina* sowie die achtäugige Gattung *Caponia* gebildet. Auf Anregung von Simon hat Bertkau die Atemorgane von *Nops* und *Caponia* untersucht mit dem überraschenden Resultat, daß hier keine Fächertracheen vorhanden sind, sondern an deren Stelle Büscheltracheen liegen. 1910 veröffentlichte Purcell in seiner Arbeit über die Tracheen der Araneen eine gute genauere Beschreibung dieser Organe an Hand von Studien von Schnitten und von Mazerationspräparaten. Durch die Güte des Herrn Prof. Dr. E. Hesse erhielt ich ein Exemplar von *Caponia capensis* Purcell aus der Berliner Sammlung. Ich konnte daran im Mazerationspräparate die Befunde der beiden oben genannten Forscher bestätigen. Da bisher die Ausmündung der Atemorgane nur ganz schematisch dargestellt worden ist, gebe ich eine Abbildung davon. (In Purcells Arbeit scheinen die betreffenden Abbildungen von *Caponia* und *Calculus* vertauscht zu sein. 1910, S. 529, Abb. 4 und 5.) Die andern Verhältnisse will ich nur ganz kurz angeben, weil man sie schon bei Purcell vorzüglich dargestellt findet. Die beiden Stigmenpaare der Atemorgane liegen noch dichter hintereinander als bei den Dysderidae auf dem vorderen Teile des Bauches. (Abb. 43).

Das vordere Stigmenpaar wird dargestellt durch einen quer über den ganzen Bauch reichenden Schlitz, die Epigastralspalte. Die Seitenteile derselben stellen die Stigmen dar. Der Mittelteil dagegen dient als äußere Geschlechtsöffnung. Zu beiden Seiten der Genitalzone finden sich im Innern des Tieres Entapophysen. Im Gegensatz zu den Verhältnissen, die bei *Aranea* herrschen, ist unter dem Firste des Vorhofes kein offener Kanal vorhanden, der beide Atemvorhöfe miteinander verbindet.

Das hintere Stigmenpaar wird gleichfalls von einem einheitlichen Spalt dargestellt. Der Mittelteil desselben wird von einem Vorsprung seines Vorderrandes weit überdeckt, während die Seitenteile mehr klaffen. Doch stehen sie nicht etwa offen, sondern sie sind von innen-hinten wie bei *Aranea* durch die Vorhofhinterwand verschlossen. Der Vorhof, in den dieser Spalt führt, enthält unter seinem Firste einen stets offenen Kanal, der am Medialende des linken Atemvorhofes beginnt und durch den Mittelteil hindurch zum rechten Atemvorhof führt.

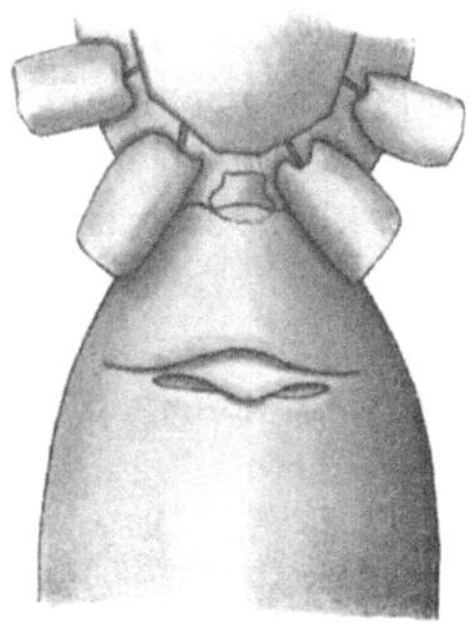

Abb. 43. *Caponia capensis* PURCELL. Vorderer Teil des Hinterleibes mit den Stigmen von unten gesehen. Schwach vergr.

Das vordere Stigma führt in einen Vorhof, dessen Vorderwand wie ein Sieb durchlöchert ist. Jedes Loch stellt den Eingang in eine Chitinröhre dar, die ein kurzes Stück in den Körper führt, sich ein wenig verzweigt und noch im Hinterleib blind endigt. Mit Ausnahme einiger weniger Röhren sind alle Kapillaren nach vorn gerichtet, ganz wie die Sacculi der Fächertracheen. Die Chitinintima der Vorhofwände ist ganz ähnlich wie die des Vorhofs einer Fächertrachee ausgebildet.

Die hinteren Stigmen dagegen führen in einen Vorhof, von dem zwei parallele Hauptstämme nach vorn, ein Hauptstamm nach hinten und eine kleine Ausbuchtung lateralwärts ziehen. Die beiden vorderen Stämme durchlaufen den Stiel und gelangen in die Kopfbrust, wo sie sich sofort in zahlreiche Kapillaren spalten. Der hintere Stamm aber zieht nach hinten und teilt sich während seines Verlaufes nach und nach auf. Auch die seitliche Ausstülpung des Vorhofes gibt Kapillaren ab.

Über den Verlauf der Sinus ist nichts bekannt. Die Muskulatur dagegen ist von PURCELL beschrieben worden. Im vorderen Teile des Hinterleibes, d. h. bis an das vordere Stigma, ist sie ganz ähnlich wie bei *Segestria*. Auch der Stigmenöffner (11) ist vorhanden. Dahingegen ändert sich hinter dem Entochondriten 8 das Bild außerordentlich, da alle Längsmuskeln hier nicht medial, sondern lateral der Tracheen verlaufen.

4. *Atypus piceus* Sulzer.

Die Fächertracheen der vierlungigen Spinnen sind bisher noch nie genauer untersucht worden. Blanchard bildet Kalilaugepräparate von ihnen in seinem vorzüglich illustrierten „Régne animal" ab, gibt aber keinerlei Text zu ihnen. Berteaux berichtet über die Chitinbestachelung von Vorhof und Sacculi einer „Mygale", ohne jedoch auf den groben Aufbau des Organes einzugehen. Schließlich hat B. Haller 1914 eine Studie über die Fächertracheen der mygalomorphen Spinnen veröffentlicht, in der er beschreibt, daß vom hinteren Lungenpaar Tracheen ausgehen. Während die alte Arbeit von Blanchard eine einwandfreie Abbildung der Lungen gibt, ist diese letztere Arbeit von Haller in jeder Hinsicht mit Irrtümern belastet.

Die Gattung *Atypus* ist der einzige Vertreter der vierlungigen Spinnen, der bis nach Deutschland vordringt. Sie gehört jedoch nicht der gegen 1500 Arten zählenden Familie der echten Vogelspinnen an, sondern der Familie der Atypidae, die sich durch höher entwickelte Laden der Gnathocoxen und den Besitz von sechs Spinnwarzen von der ersteren unterscheidet. Die Tiere besitzen 2 Paar Fächertracheen, die durch ebensoviel Stigmen am Vorderabschnitt des Hinterleibes nach außen münden (Abb. 44, 45). Die vorderen Atemschlitze stehen, wie es schon Purcell für die echten Vogelspinnen beschrieben hat, in keinerlei Verbindung mit der zwischen ihnen gelegenen Geschlechtsöffnung. Es ist also keine Epigastralfurche vorhanden. Auch die hinteren Atemöffnungen stellen zwei ringsum begrenzte selbständige Schlitze dar.

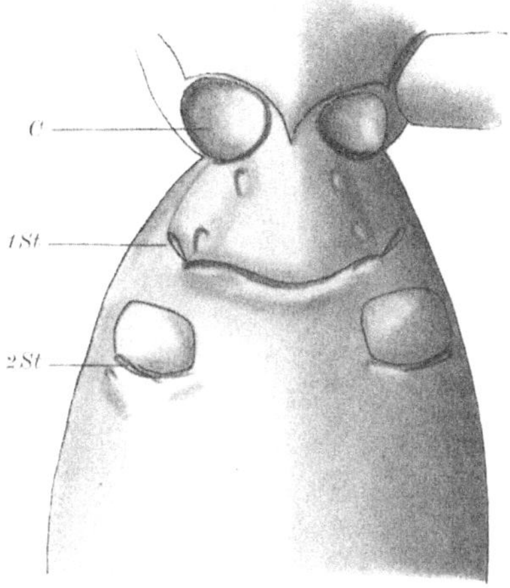

Abb. 44. *Atypus piceus* Sulzer. ♀ Vorderer Teil des Hinterleibes von unten gesehen. Schwach vergrößert. C — Ansatzstelle der abgeschnittenen 4. Beinhüfte; *1 St*, *2 St* = erstes und zweites Stigmenpaar.

Die Lungendeckel.

Das über den Lungen liegende Integument hebt sich am lebenden Tier klar von der umgebenden Körperkutikula ab. Zunächst ist es braun gefärbt, während der Hinterleib sonst beim Weibe einen Stich ins Violette hat. Dann sind die Lungendeckel etwa uhrglasförmig gewölbt und von einem hellen, weißlichen Rande eingefaßt, der allerdings auf der Hinterseite fehlt. Die weißliche Umrahmung stellt eine Anheftungsstelle für zahlreiche Fasern des Abdominalsackes dar, eines Muskelsystemes, das, unter dem Integument liegend, den größten Teil des Hinterleibes umspannt, über den Lungen jedoch stets fehlt. Auf dem Lungendeckel selbst sind im Gegensatz zum übrigen abdominalen Integument nie weiße Muskelanheftungsstellen vorhanden. Die Hypodermis der Lungendeckel wird von einem deutlichen Zylinderepithel gebildet, das eiförmige Kerne enthält. Zellgrenzen sind kaum zu erkennen. Am Apicalende der Zellen liegt körniges Pigment.

Die Stigmen.

Wie die Lungendeckel, so sind auch die Stigmen der beiden Fächertracheenpaare nicht wesentlich voneinander verschieden. Sie stellen Schlitze dar, die lateral breit sind und sich medialwärts verschmälern (Abb. 44, 45). Die vorderen Schlitze sind schräg zur Längsachse des Hinterleibes gestellt, die hinteren dagegen etwa querliegend. Der Vorderrand eines jeden Stigmas ist als scharfe Kante ausgebildet, unter die

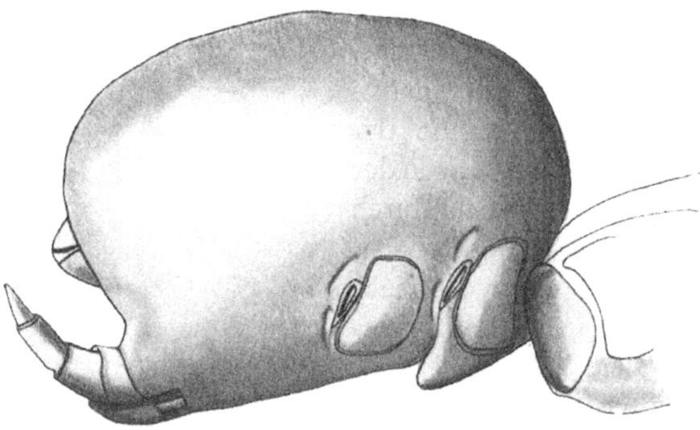

Abb. 45. *Atypus piceus* SULZER. ♀ Hinterleib von der Seite gesehen. Schwach vergrößert.

sich von hinten und innen her (ganz wie bei *Aranea*) der Hinterrand legt und so das Stigma schließt. Es sind Muskelzüge vorhanden, die diesen Hinterrand rückwärts ziehen und dadurch das Stigma öffnen (Abb. 50, S. 524, Abb. 51, ebenda).

Der Vorhof.

Das Stigma bildet den Eingang zum Vorhof, der bei allen vier Fächertracheen denselben Bau aufweist (Abb. 46). Er reicht wie bei *Aranea* seitlich über das Stigma hinaus, besitzt also ein „Horn“. Sein Querschnitt gleicht etwa einem rechtwinkeligen Dreieck. Die beiden Katheten werden von der Unter- und der Vorderwand gebildet, die Hypotenuse von der Hinterwand. Die Unterwand stellt wie bei *Aranea* den umgeschlagenen Rand der Stigmenvorderkante dar. Sie ist sehr kurz. An ihrem Ende erhebt sich fast senkrecht die von zahlreichen Spalten durchbrochene Vorderwand, die mit der vom Stigmenhinterrand ausgehenden biegsamen Hinterwand in einem spitzen Winkel zusammenstößt, so den First des Vorhofes bildend. Im Gegensatz zu *Aranea* besitzt die Hinterwand keinerlei Bestiftung.

Die Atemtaschen.

Die Zahl der Spalten der vorderen Vorhofswand beträgt bei erwachsenen Weibchen oft mehr als 50. Die beiden Lungenpaare unterscheiden sich in bezug auf diese Zahl nicht sehr wesentlich. Alle Spalten führen in Sacculi, die etwa horizontal liegen. Die Gestalt derselben ist ganz ähnlich wie bei *Aranea diadema*, dagegen ist die Bestachelung anders. Bei der Kreuzspinne wird sie durch einfache Stiftchen dargestellt. Nur am Vorhoffenster befinden sich kompliziertere Bildungen, indem hier die Spitzen der Säulchen durch bogenförmige Seitenzweige miteinander verbunden sind. Bei *Atypus* liegen die Verhältnisse anders. Die Vorhoffenster sind zwar in der gleichen Weise ausgestattet wie bei *Aranea*, dagegen ändert sich das Bild in den übrigen Teilen, indem in der Mittelzone der Atemtasche alle Stifte von der Spitze aus zu ihren Nachbarn Seitenzweige senden, wie es BERTEAUX schön von „Mygale" darstellt (l. c. Pl. II, Abb. 18). Die eine der seitlichen Regionen aber besitzt enger gestellte, einfache Stifte, die denen von *Aranea* zu ähneln scheinen, wenigstens konnte ich hier keine Seitenzweige erkennen.

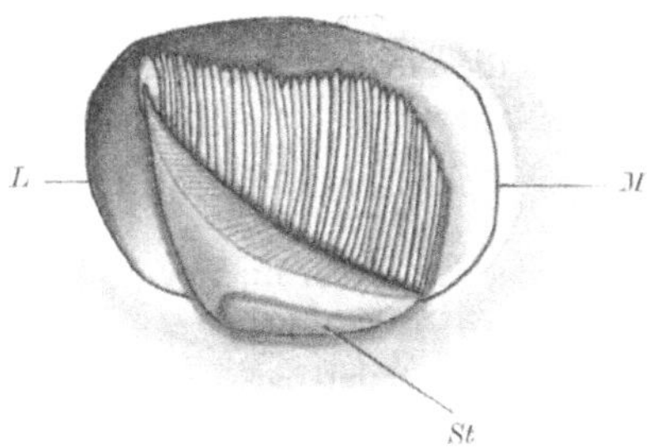

Abb. 46. *Atypus piceus* SULZER. ♀ Linke hintere Fächertrachee von oben gesehen. Kalilaugepräparat. Schwach vergr. (Es sind weniger Sacculi gezeichnet, als vorhanden sind.) L = Seitenrand des Lungendeckels; M Medialrand des Lungendeckels; St = Stigma, durch die Vorhofhinterwand schimmernd.

Die Anheftung der Fächertracheen.

Die Sacculi werden wie bei *Aranea* durch Bindegewebsbänder an ihrer Umgebung befestigt. Jedoch ist bei *Atypus* die Zahl und die Länge dieser Bänder ganz außerordentlich groß, so daß die Blutsinus der Fächertracheen von einem hochkomplizierten Netz von Fasern durchzogen werden. Der verwickelte Bau desselben wird noch verstärkt durch die Tatsache, daß auch von den bindegewebigen Bekleidungen mancher inneren Organe Fasern zur Körperwand streichen. Man ist beim ersten Anblick aller dieser Bündel zunächst geneigt, sie für Muskeln zu halten, zumal einige an Entochondriten des Abdominalsackes inserieren. Dagegen spricht aber folgendes: Zunächst lassen sie nie eine Querstreifung erkennen, wie sie sonst auch auf den feinsten Muskelfäserchen der Bekleidung des Uterus internus ohne weiteres hervortritt. Dann gabeln sie sich oft, oder es treten eine Anzahl unter verschiedenem Winkel zu einem einheitlichen starken Strang zusammen, ein Verhalten, das wohl nur bei Herzmuskeln vorkommt. Ferner bildet sich an dem Knotenpunkt, in dem mehrere solche Bündel zusammentreten, meist eine mit Kernen versehene Fläche aus, die sich zwischen den zusammenlaufenden

Bündeln ausdehnt. Zum letzten ist noch zu erwähnen, daß sich die Haltebänder zum Teil an bindegewebige Hüllen innerer Organe anheften. Diese bilden aber bei Araneen, soweit sie keine Chitinintima besitzen, nie einen Insertionspunkt für Muskeln. Aus diesem Grunde muß ich vorläufig alle diese Haltebänder dem Bindegewebe zurechnen. Bei beiden Lungenpaaren finden sich fast die gleichen Verhältnisse.

Das Horn wird stets durch einige Fasern mit der Körperwand verbunden. Außerdem liegt es im mittleren Teile oft den umgebenden Organen so eng an, daß seine Adventitia mit deren bindegewebigen Bekleidung verschmilzt. Manchmal finden sich auch Fasern, die es an darübergelegenen Organen aufhängen. Besonders stark ausgebildet und zahlreich sind diese letztgenannten Bildungen aber nicht.

Viel stärker ist der Anheftungsapparat der Sacculi. Wir finden hier in bezug auf die Anheftung der lateralen Kanten bei beiden Lungenpaaren die gleichen Verhältnisse. Die Sacculi liegen am Vorderende eng der Körperwand an (Abb. 47) und werden durch Bindegewebe damit verbunden. Nur die oberen Atemtaschen machen davon eine Ausnahme. Weiter nach hinten aber rücken die Sacculi (zunächst die oberen, dann die unteren) immer mehr vom Integumente ab, so daß zunächst nur noch die untere Hälfte der Sacculi durch Bindegewebsbänder mit der Hypodermis verbunden ist. Je näher wir nun dem Stigma kommen, um so mehr wird auch die Zahl von deren Anheftungen verkleinert, und kurz vor dem Stigma sind nur noch einige der untersten Sacculi an der Körperwand befestigt. Die Befestigungsbänder ähneln manchmal in der Gestalt den Hypodermissäulchen. Jedoch zeigen sie im Gegensatz zu diesen stets Fibrillenstruktur. Ihre Fibrillen lassen sich bis in die Hypodermiszellen der Körperwand hinein verfolgen.

Die oberen, nicht angehefteten Sacculi werden an manchen Stellen durch ein von oben nach unten verlaufendes Band an ihrer Außenkante miteinander verbunden. Manchmal sah ich dieses Bündel durch einen Zweig an der Körperwand inserieren, so daß hier die oberen Atemtaschen wenigstens indirekt an der Körperwand befestigt sind.

Von den medialen Kanten der Atemtaschen des 1. Lungenpaares gehen Fasern sowohl zur Hypodermis wie auch zu den umgebenden Organen. Betrachten wir zunächst den erstgenannten Fall. Es finden sich Bündel, die von den obersten Sacculi aus (zuweilen sogar vom horizontal liegenden Teile des Hornes ab) nach unten verlaufen und sich dabei an die Kanten der untereinander liegenden Sacculi befestigen. Sie ziehen dann vom untersten Atemsack, mitunter auch schon früher, zur Bauchwand des Körpers. Dabei wählen sie nicht immer den kürzesten Weg senkrecht nach unten, sondern ziehen oft sehr schräg medialwärts. Einige heften sich nicht direkt ans Chitin der Bauchwand, sondern an Entochondrite des Abdominalsackes. Solche Vertikalbänder sind in der ganzen Längenausdehnung der Fächertracheen zu finden.

Außerdem sind nun noch viele Bänder vorhanden, die zu den inneren Organen ziehen. Im vorderen Lungenteil werden diese durch den absteigenden Genitalgang und das Ovarium, weiter hinten, also dem Stigma genähert, durch die Längsmuskeln dargestellt. Auch hier zeigt sich wieder die Tatsache, daß die Haltefasern nicht auf kürzestem Wege zu den betreffenden Organen ziehen, sondern oft ganz schräg zu weit entfernten Punkten verlaufen. Dabei kreuzen und teilen sie sich, so daß ein langgedehntes Fasergewirr im zuführenden Sinus entsteht (Abb. 47).

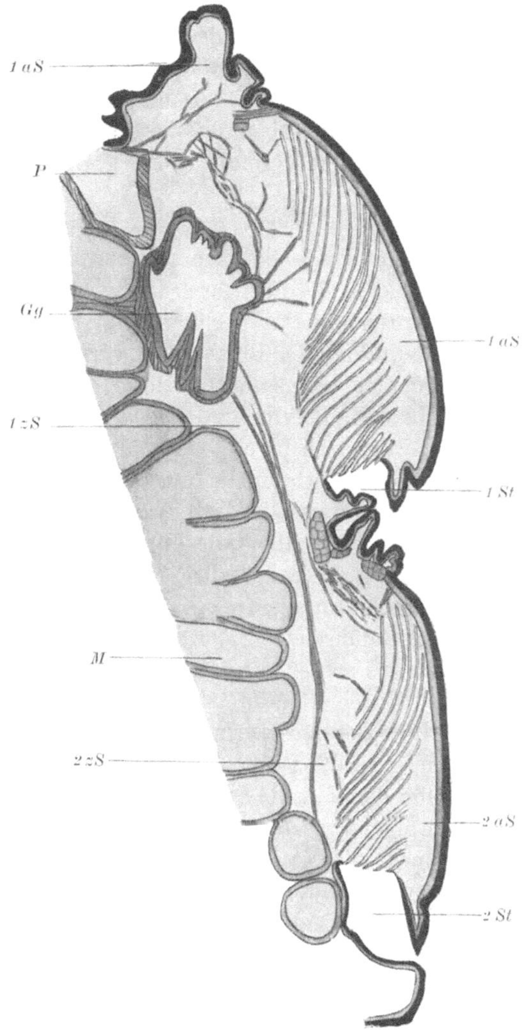

Abb. 47. *Atypus piceus* SULZER. ♀ Horizontalschnitt durch die Fächertracheen der rechten Seite. 44 × vergr. *1aS*, *2aS* = erster und zweiter abführender Sinus; *Gg* = Genitalgang; *M* = Mitteldarmdrüse; *P* = Pericard; *1St*, *2St* = erstes und zweites Stigma; *1zS*, *2zS* = zuführender Sinus der ersten und zweiten Fächertrachee.

Das 2. Paar der Fächertracheen zeigt ganz ähnliche Verhältnisse. Wir finden auch bei ihm Vertikalstränge, die in der schon geschilderten Weise verlaufen. Als Anheftungspunkte für die andern medialen Fasern kommen jedoch hier nicht die Genitalgänge, sondern die Ovarien, die Längsmuskeln und bei weniger trächtigen Individuen auch die Mitteldarmdrüse in Betracht.

Es sind nun noch die am Vorderende der Sacculi befindlichen Haltebänder zu erwähnen. Vom 1. Fächertracheenpaar gehen hier Faserzüge aus, die sich an die Stirnwand des Hinterleibes und zum Teil an seine Seitenwände ansetzen. Ferner treten Fasern von der Wand der Lungenvene aus an die Atemtaschen, ähnlich wie wir es bei *Aranea* fanden.

Am 2. Lungenpaar finden wir ebenfalls am Spitzenteile der Atemsäckchen nach vorn ziehende Bündel, die am Integument der Region zwischen beiden Lungen inserieren. Dann gehen zahlreiche Bänder zu der starken faserigen Bindegewebshülle, die dem Ovarium und der Mitteldarmdrüse im Gebiete des zuführenden Sinus aufliegt (Abb. 47).

Die zu den Fächertracheen in Beziehung stehenden Blutbahnen.

Wie bei *Aranea* können wir zuführende und abführende Blutsinus unterscheiden, die nur durch die zwischen den Sacculi liegenden Bluträume miteinander in Verbindung stehen.

Die zuführenden Blutbahnen verlaufen genau wie bei *Aranea* längs der ventralen Längsmuskeln des Hinterleibes. Von der Kopfbrust aus gelangt die Hämolymphe durch den Stiel in das Abdomen. Sie strömt dabei in zwei seitlich gelegenen Sinus. Nach der Stielmitte hin sind diese durch vertikal verlaufende Muskeln (7) abgeschlossen; Boden, Decke und äußere Seitenwand dagegen werden von dem Integument des Stieles gebildet, ganz ähnlich wie es Abb. 20 für *Aranea* darstellt. Bei der Einmündung des Stieles ins Abdomen kommt dann jeder dieser Bluträume medial und ventral von einer Fächertrachee zu liegen (Abb. 48, 47). Von dem abführenden Sinus derselben wird er durch die Sacculi getrennt. Mit seinem Partner auf der anderen Körperseite steht er in offener Verbindung durch eine breite Passage über der Bauchwand des Tieres (Abb. 48). Bei den trächtigen Weibchen, die mir allein zur Verfügung standen, wird die Decke des Sinus vom mächtig angeschwollenen Eierstock und dem Muskel 8 gebildet, sein Boden aber durch die Bauchwand des Körpers dargestellt. Nach der Seite hin wird der zuführende Blutraum durch die Sacculi der Fächertracheen begrenzt, während er nach der Körpermitte hin durch den absteigenden Genitalgang und die Längsmuskeln nur unvollkommen abgeschlossen ist. Der Sinus wird durchzogen von den schon beschriebenen, außerordentlich zahlreichen, sich kreuzenden Bindegewebsfasern, die zum Teil von den Atemtaschen, zum Teil von den Genitalgängen, den Muskeln usw. zu benachbarten Organen oder ans Integument ziehen. Auch das von der Unterseite des Herzens ausgehende paarige Hypocardialligament tritt zu diesem Fasernetz in Beziehung. In der Nähe der Genitalöffnung wird die breite Passage, die den Sinus mit seinem gegenseitigen Partner verbindet, durch die zahlreichen Receptacula stark verengt, um sich dann dicht vor der Genitalspalte wieder ganz zu öffnen.

Der Sinus setzt sich nun hinter dem 1. Lungenpaar an den Längsmuskeln entlang nach hinten fort und gelangt dadurch an die Medialseite des 2. Paares der Fächertracheen (Abb. 47). Die Spitzen der oberen Sacculi liegen zunächst über ihm und trennen ihn so von dem dorsal gelegenen abführenden Sinus. Dann aber kommt der Sinus direkt neben die Lunge zu liegen. Sein Boden wird von der Körperwand gebildet, seine Decke vom Ovarium. Nach der Mitte des Körpers wird er durch die Mitteldarmdrüse und den Eierstock begrenzt. Eine ventrale Verbindung mit dem Lungensinus der anderen Körperseite besteht streckenweise. Sie verläuft zwischen dem Eierstock und der Bauchwand des Körpers. Da ich nur trächtige Individuen untersuchen konnte, kann ich nicht beurteilen, ob bei anderen Tieren hier im ganzen Verlaufe des Sinus ein Verbindungsgang besteht, wie ich denn überhaupt die ganze Enge des Sinus, die auch auf den Abb. 47 und 48 hervortritt, auf die außerordentliche Vergrößerung des Eierstockes zurückführen möchte, da sie sich bei einem andern trächtigen Individuum in etwas anderer Weise zeigte. Indes können diese sekundären Zustandsänderungen keinesfalls den prinzipiellen Charakter des Sinussystems ändern, wie Längsschnitte durch ein weniger trächtiges Individuum zeigten.

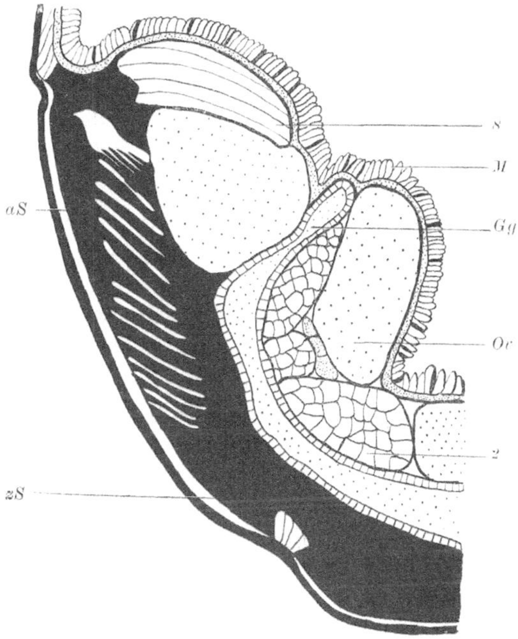

Abb. 48. *Atypus piceus* SULZER. ♀ Querschnitt durch die erste linke Fächertrachee in der Gegend des absteigenden Genitalganges. Schematisiert. Die Zahl der Sacculi ist stark vermindert worden. Alle Sinus schwarz ausgezogen. 36 × vergr. *aS* abführender Sinus; *Gg* = Genitalgang; *M* = Mitteldarmdrüse; *Ov* = Ovarium (punktiert); *zS* = zuführender Sinus. Die arabischen Zahlen bezeichnen Muskeln.

Die Wandungen des Sinus werden durchweg nur durch die Bindegewebsbekleidungen der umgebenden Organe dargestellt. Andere Wandungen hat er nicht. Jedoch besitzen die angrenzenden faserigen Adventitien oft eine besonders starke Ausbildung, wie es manchmal hervortrat, wenn sie sich gespalten hatten und ein Spaltteil frei im Sinus verlief (Abb. 47). Da sich zwischen der so entstandenen frei verlaufenden Membran und der Mitteldarmdrüse zahlreiche Blutkörperchen vorfinden, kann die Abspaltung nicht durch die technischen Vorbereitungen zum

Schneiden erfolgt sein, sondern sie muß schon beim lebenden Tiere vorhanden gewesen sein. Auch konnte ich sie an mehreren Individuen beobachten (allerdings alles trächtige Weibchen!).

Vom zuführenden Sinus aus tritt die Hämolymphe nun in die niedrigen Bluträume, die sich zwischen den Atemtaschen befinden. Sie durchströmt diese und wird dabei oxydiert. Die Wände dieser Lungensinus werden wie bei *Aranea* lediglich durch die Hypodermis der Sacculi dargestellt.

Jetzt gelangt die nun oxydierte Hämolymphe in die Lungenvenen. Entsprechend der Zahl der Fächertracheen finden wir zwei Paar vor. Sie sind im Gegensatz zu den andern Sinus schon beschrieben worden, allerdings an Hand der Aviculariidae (Blanchard, Causard). Die feineren Lagebeziehungen zu den Lungen sind aber dabei noch nicht dargestellt worden.

Die im 1. Fächertracheenpaare mit Sauerstoff beladene Hämolymphe gelangt in einen Sinus, der sich zwischen Lunge und Körperwand ausdehnt (Abb. 48). Er wird dorsal von einer starken, faserigen Bindegewebsdecke begrenzt, die sich zwischen dem Horn und dem Integumente ausspannt und zum größten Teil der Mitteldarmdrüse anliegt. Von dem hinter der Fächertrachee liegenden Körperabschnitt aber wird unser Blutraum durch die Mitteldarmdrüse und die Körperwand abgetrennt. Wie uns Abb. 47 zeigt, nähern sich die Vorderenden der Atemtaschen der Körperwand außerordentlich (wenigstens bei den von mir untersuchten Individuen, die sämtlich trächtig waren). Dadurch wird der abführende Sinus vorn bis auf ganz schmale Spalten verdrängt. Er dehnt sich statt dessen nun über der Fächertrachee aus (Abb. 48). Am Vorderende der Lungen weicht dann die Mitteldarmdrüse über ihm etwas vom Integument zurück, so daß ein Kanal entsteht, der das Blut dicht unter der Körperwand schräg aufwärts zur Mittellinie des Körpers führt. Er mündet hier ins Pericard gegenüber dem 1. Ostienpaar des Herzens (Abb. 49). Seine Wände gehen in die Pericardialwand über und empfangen wie bei *Aranea* die Exocardialligamente des Herzens (vgl. Abb. 23, S. 487).

Zwischen dem 2. Paar der Fächertracheen und der Körperwand liegt ein Sinus, der dem eben besprochenen des 1. Lungenpaares entspricht (Abb. 47). Er verschmälert sich ebenfalls nach vorn zu. An der Spitze der Sacculi endigt er, indem sich hier die Mitteldarmdrüse vor ihm bis ans Integument schiebt und ihn so nach vorn hin abschließt. Nun verläuft er direkt unter der Haut nach oben zur Mittellinie des Rückens, in der das Herz liegt. Dort, wo die Profillinie des Hinterleibes zur Stirnseite hin nach unten umbiegt, mündet er ins Pericard (Abb. 49). An dieser Stelle liegt das 2. Ostienpaar des Herzens, durch das die mit Sauerstoff angereicherte Hämolymphe ins Herz eintritt. Man kann diese

Lungenvene auch am nichtinjizierten Tier kenntlich machen, indem man die Haut samt dem Abdominalsack vorsichtig abzieht. Die Lungenvene ist dann als eine in die Mitteldarmdrüse eingedrückte Furche sichtbar (Abb. 49). (Weniger gut gelingt dies Verfahren bei der 1. Lungenvene, weil in deren Gegend sehr viel Muskeln ans Integument anheften.) Die Wände des 2. Lungenvenenpaares zeigen den gleichen Bau, wie er vom ersten Paare schon beschrieben wurde.

Der Kreislauf des Blutes in den Atemorganen ist am lebenden Tiere leider nicht zu studieren, da junge Exemplare noch nicht in Gefangenschaft gehalten werden konnten. Er wird sich wahrscheinlich folgendermaßen gestalten: Die venöse Hämolymphe der Kopfbrust gelangt durch die beiden Seitensinus des Stieles, die wir bei *Aranea* kennengelernt haben, zum 1. Fächertracheenpaare. Das Blut strömt seitlich in die Fächertracheen ein, belädt sich mit Sauerstoff und gelangt durch die 1. Lungenvene ins Pericard. Bei der Diastole wird es dann hauptsächlich vom 1. Ostienpaar ins Herz gesaugt.

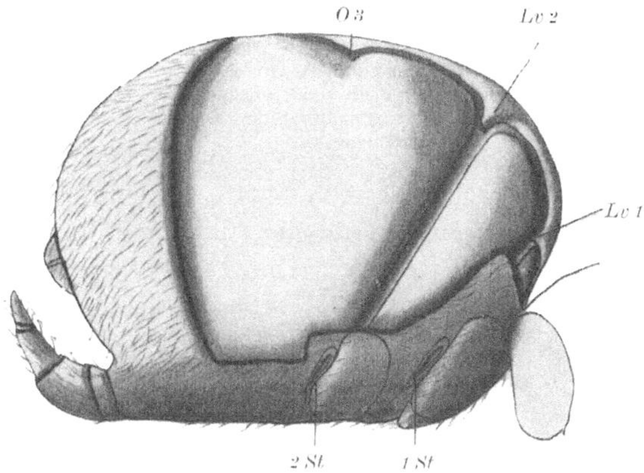

Abb. 49. *Atypus piceus* SULZER. ♀ Körper von der Seite gesehen. Die Haut und der Abdominalsack sind entfernt worden, so daß man die rinnenartig in der Oberfläche der Mitteldarmdrüse verlaufenden Lungenvenen sieht. Schwach vergr. *Lv 1*, *Lv 2* = erste und zweite Lungenvene; *O 3* = 3. Ostienpaar des Herzens; *1 St*, *2 St* erstes und zweites Stigmenpaar.

Das venöse Blut des Hinterleibes dagegen fließt wohl zum größten Teile im Sinus der ventralen Längsmuskeln nach vorn. Es gelangt dabei zunächst in den Wirkungskreis des 2. Fächertracheenpaares. Dabei wird es in dieses eintreten und durch die 2. Lungenvene ins Pericard gelangen. Das 2. und wohl auch das 3. Ostienpaar werden es dann ins Herz aufnehmen. Wahrscheinlich gelangt das Blut aus der Kopfbrust unter Umständen auch in den Bereich des 2. Lungenpaares und solches vom Hinterleib in den des ersten, denn die zuführenden Sinus beider stehen in breiter offener Verbindung. Aus unserer Untersuchung ergibt sich, daß die Fächertracheen von *Atypus* sich trotz ihrer Vierzahl in keinem wesentlichen Punkte von denen der Kreuzspinnen unterscheiden.

Die Muskulatur des vorderen Hinterleibsabschnittes.

Die Muskulatur der vierlungigen Spinnen ist bisher nur von WASMANN und BLANCHARD an Aviculariiden genauer untersucht worden.

Beide Autoren haben bereits die wichtigsten der im vorderen Abschnitt des Hinterleibes verlaufenden Muskeln gefunden. Indes fand ich durch das Studium von Schnittserien noch einige neue hinzu. Da bei den Tetrapneumones die ersten Segmente des Abdomens weniger modifiziert sind als bei den andern Spinnen, sind die hier herrschenden Verhältnisse besonders interessant. Der histologische Bau der Muskeln entspricht ganz dem von *Aranea*.

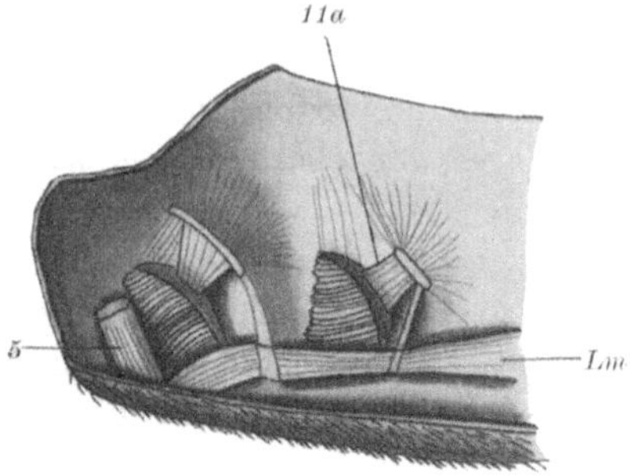

Abb. 50. *Atypus piceus* SULZER ♀. Die Fächertracheen samt den Stigmenöffnern von der Seite gesehen. Schwach vergr. *Lm* = Längsmuskel; *5* = Muskel 5; *11a* = Stigmenöffner der zweiten Fächertrachee.

Wir unterscheiden vier Paare wichtiger Entochondrite im vorderen Hinterleibsabschnitt. Das 1. Paar liegt hinter und über dem 1. Stigma. Es ist von außen als längliche Grube sichtbar (Abb. 44, 45). Innen finden wir einen Entochondriten der dem Integument aufsitzt (*t*). Er empfängt die Muskeln 8, 30 und den Stigmenöffner, entspricht also dem Entochondriten *t* der andern Spinnen (Abb. 51, 52). Hinter dem 2. Paare der Fächertracheen liegt ein ganz ähnlicher Entochondrit (*ta*) (Abb. 51, 52). Ein wenig hinter und medial vom 1. Stigma heftet sich dann der Entochondrit *t* 8 ans Integument an. Auch er ist von außen als Grübchen sichtbar. Er sitzt nicht auf einer Entapophyse wie bei *Aranea*, sondern liegt direkt dem Integument des Bauches auf (Abb. 44, 45). Dasselbe gilt vom Entochondriten *t* 9, der hinter dem 2. Paar der Fächertracheen liegt. Er besitzt einen Ausläufer, der sich an der unteren medialen Ecke des Atemvorhofes festheftet.

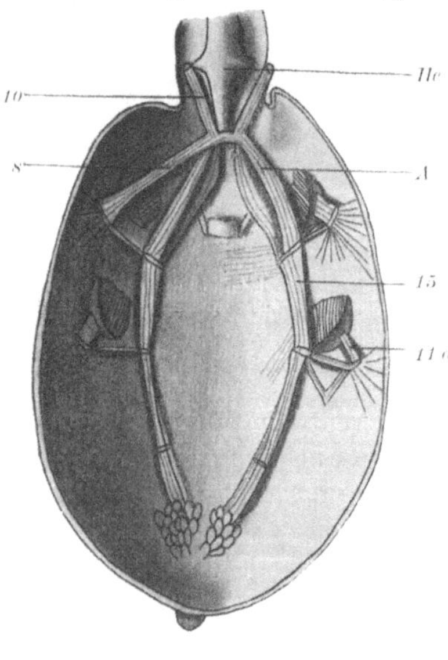

Abb. 51. *Atypus piceus* SULZER ♀. Rückendecke des Hinterleibes abgetragen, alle Eingeweide bis auf die Fächertracheen und Längsmuskeln entfernt. Rechts ist der Muskel 8 abgetragen, um den Stigmenöffner zu zeigen. Schwach vergr. *A*=Muskel A; *He*=Herz mit dem 1. Ostienpaar (nach vorn umgeschlagen). Die Zahlen bezeichnen Muskeln.

Der Stigmenöffner (11) des 1. Lungenpaares zieht von der Hinterwand des Vorhofes aus zur Seitenwand des Körpers, wo er sich am Entochondriten *t* gemeinsam mit den Muskeln 8 und 30 anheftet (Abb. 50, 51). Auch das 2. Paar der Fächertracheen besitzt einen Öffner, der denselben Verlauf nimmt und gemeinsam mit dem 2. Quermuskel (30 a) vom Integument bei *ta* ausgeht.

Der obere Längsmuskel *A* ist bei wie *Aranea* paarig. Er zieht vom Entochondriten *t* 8 schräg nach oben und vorn. Hier heftet er sich jederseits des Stieldachansatzes fest. Bei seiner Kontraktion wird sich wahrscheinlich der Hinterleib heben.

Der untere Längsmuskel (2) zieht ebenfalls vom Entochondriten *t* 8 zum Anheftungsrand des Stieles. Wir unterscheiden zunächst einen tieferen unteren Strang (2 *a*), der dort, wo der Stielboden ins Abdomen übergeht, nahe der Mittellinie des Körpers inseriert (Abb. 51, 52). Ein anderes Bündel (2 *b*) dagegen setzt sich weiter dorsalwärts an die Grenze von Stielseitenwand und Abdomen an.

Der Endosternitmuskel (3) zieht vom Entochondriten *t* 8, angeschmiegt an den Muskel 2 *b*, zum Stiel und durchsetzt diesen, als paariger dünner Strang dicht unter dem Integument verlaufend. Den Ursprung dieses Muskels konnte ich nicht mit aller Sicherheit nachweisen. Er ist aber sicherlich an den Hinterhörnern des Endosternites der Kopfbrust zu suchen.

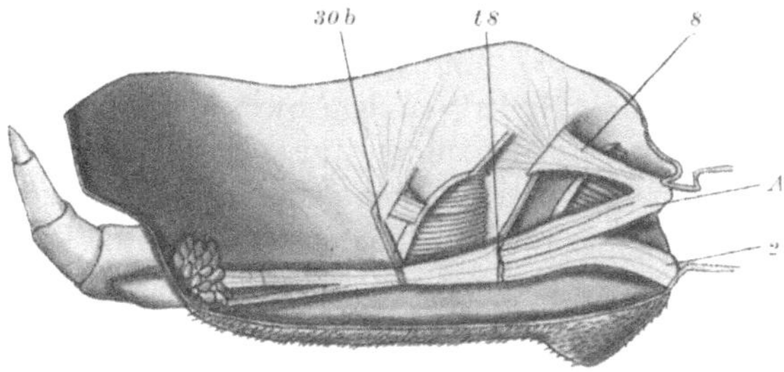

Abb. 52. *Atypus piceus* SULZER. ♀ Längsschnitt durch das Präparat d. Abb. 51 von d. Seite gesehen. Schwach vergr. Bezeichn. dieselbe.

Der Verbindungsmuskel (15) stellt einen sehr breiten Strang dar, der vom Entochondriten *t* 8 zu *t* 9 verläuft (Abb. 51, 52).

Der kurze Längsmuskel (5) nimmt seinen Ursprung jederseits der Stielmündung etwas über dem Muskel 2 *b*. Von da aus zieht er ziemlich senkrecht nach unten zur Bauchwand, wo er medial der 1. Fächertrachee inseriert (Abb. 50).

Der schräge Muskel (8) nimmt seinen Ursprung an der Anheftungsstelle des Stieldaches dicht bei dem Muskel *A*. Er zieht von hier aus schräg zur Seitenwand des Körpers, wo er sich am Entochondriten *t* anheftet.

Der Quermuskel (30) zieht vom Entochondriten *t* 8 zum Entochondriten *t* in einiger Entfernung hinter dem Vorhofe (Abb. 51, 52). Der Quermuskel (30 *a*) zieht vom Entochondriten *t* 9 zum Entochondriten *ta* ebenfalls etwas von der Fächertrachee entfernt.

Vom Entochondriten *t* 8 zieht ein starker Muskel (4) nach vorn zur Bauchwand des Körpers. Er heftet sich lateral und vor der Genitalspalte an. Eine ganze Anzahl von schwachen Fasern (4 *a*) hat einen ähnlichen Verlauf, nur heften sie sich in größerer Nähe des Entochondriten an. Mehrere ähnliche schmale Bündel ziehen vom gleichen Entochondriten nach hinten (16). Entsprechende nach vorn und hinten verlaufende Fasern besitzt auch der Entochondrit *t* 9 (13). Einzelne der Fasern ziehen auch zur Seite.

Vom Entochondriten *t* 8 geht ein Bündel zum Seitenteil der Hinterwand des Genitalvorhofes. Es mag zur Öffnung desselben dienen. Außerdem sind noch eine Anzahl sehr feiner Fasern vorhanden, die zwischen Genitalvorhof und Bauchwand verlaufen.

An der ganzen Länge des Stieldaches nimmt ein paariger, langer, flacher Muskel seinen Ursprung, der senkrecht nach unten zum Boden des Stieles zieht. Er entspricht wohl den Muskeln 6 und 7.

Dicht über dem Ansatz des Stieles ans Abdomen setzen sich zwei Muskelpaare am Integumente an. Das vordere Paar zieht schräg nach oben-vorn zur Stirnwand des Hinterleibes (9). Das hintere Paar dagegen (10) zieht zu beiden Seiten des Pericards zur Rückendecke des Hinterleibes (Abb. 51). Im Gegensatz zu *Aranea* besitzt *Atypus* keinen Dorsoventralmuskel, der von dem Entochondriten *t* 8 ausgeht.

Außer den genannten Muskeln finden sich nun noch viele Stränge, die die Receptacula umhüllen. An ihnen konnte ich keinerlei Querstreifung feststellen. Dasselbe gilt für die unter der Haut liegenden Fasern des Abdominalsackes, die allerhöchstwahrscheinlich glatte Muskelfasern darstellen. Außerdem sind noch Fasern vorhanden, die den Uterus internus umhüllen. Sie weisen eine deutliche Querstreifung auf.

5. *Eurypelma spec.*

Die großen Vogelspinnen der Familie der Aviculariidae sind schon von Blanchard 1852 auf ihre Lungen hin untersucht worden. Der genannte Forscher gibt einwandfreie Bilder von Mazerationspräparaten des ganzen Organes sowie einzelner Teile. Der Text des Lieferungswerkes ist leider nicht bis zum Kapitel „Atemorgane" gediehen. Berteaux gab 1889 eine Darstellung der Chitinintima. Purcell hat 1909 vier Arten untersucht, teilt aber davon nur mit, daß die Sacculi nahezu horizontal liegen, die Längsmuskeln sich direkt an der Bauchwand anheften und keinerlei Interpulmonarfalte vorhanden sei. B. Haller veröffentlichte 1914 eine kleine Arbeit, in der er angibt, daß von dem hinteren Lungenpaare je eine große Trachee ausgehe, die in die Kopfbrust ziehe, eine selbst für seine Arbeitsweise ungewöhnlich phantastische Angabe.

Mir standen nur Exemplare zur Verfügung, die nicht für histologische Zwecke konserviert worden waren. Ich habe mich deshalb auf die Untersuchung der grob anatomischen Verhältnisse beschränkt. Es sind zwei Paar Stigmen vorhanden, die dicht hintereinander liegen

(Abb. 53). Das erste Paar liegt jederseits der Genitalspalten. Es ist jedoch durch einen deutlichen Zwischenraum davon getrennt, von einer Epigastralfurche ist also keine Spur vorhanden. Das Stigma selbst wird durch einen ziemlich langen, aber außerordentlich schmalen Schlitz dargestellt. Es ist lateral ein wenig breiter als nach der Körpermitte zu. Die schmale Öffnung wird von innen her durch die hintere Vorhofwand verschlossen, die sich von hinten an die Vorderkante des Schlitzes anlegt. Ganz ähnlich ist auch das zweite Stigmenpaar gebaut.

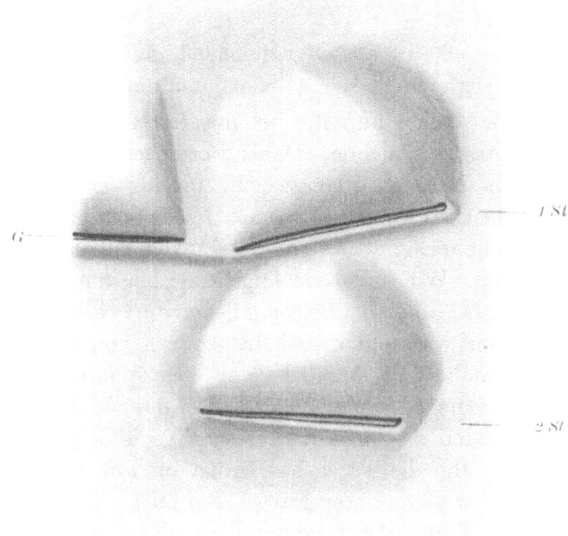

Abb. 53. *Eurypelma spec.* Die Lungendeckel und Stigmen der linken Körperseite in einer Ebene ausgebreitet. Behaarung vollständig entfernt. Schwach vergr. G = linke Hälfte der Geschlechtsöffnung; *1 St*, *2 St* = erstes und zweites Stigma der Fächertracheen.

Die über den Lungen liegende Körpergegend, also der Lungendeckel, ist außerordentlich stark gewölbt, so daß sie einen starken Hügel über jeder Fächertrachee bildet, der viel höher gewölbt ist als der uhrglasartig gebogene Lungendeckel von *Atypus* (Abb. 53). Das Stigma einer jeden Fächertrachee führt in einen Vorhof, der im Prinzip ebenso gebaut ist wie bei *Aranea* (Abb. 54). Ein Teil dieses Vorhofes reicht seitlich über das Stigma hinaus und bildet das Horn. Von der gitterförmig durchbrochenen Vorderwand des Vorhofes ziehen die Sacculi in den Körper des Tieres.

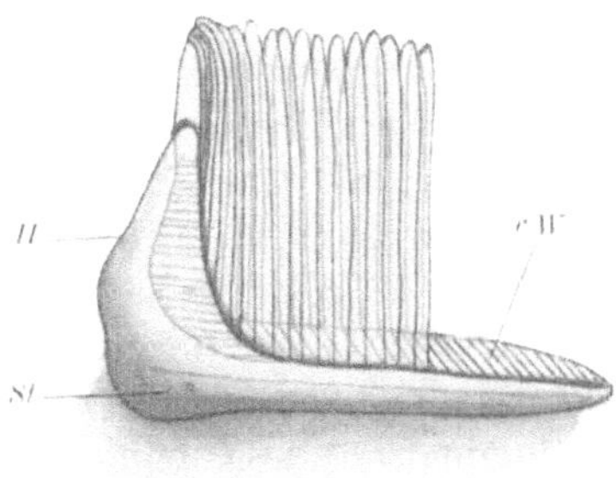

Abb. 54. *Eurypelma spec.* Die erste Fächertrachee von oben gesehen. Kalilaugepräparat. Schwach vergr. Es sind nicht alle Sacculi gezeichnet worden, um die gefensterte Vorderwand sichtbar zu machen. (Auch die übrigen Atemtaschen sind nicht abgezählt worden.) H = Horn; St = durch die Vorhofhinterwand schimmerndes Stigma; vW = Vorderwand des Vorhofes.

Die Bestachelung des Vorhofes und der Sacculi ist von Berteaux dargestellt worden. Die Muskulatur fand ich im großen und ganzen der von *Atypus* entsprechend, auch die Lage ihrer Entochondrite ist ganz ähnlich. Hervorheben möchte ich, daß die Quermuskel 30 und 30 *a* ziemlich weit von der Hinterwand des Atemvorhofes entfernt dahinziehen.

C. Vergleichend anatomischer Teil.

Vergleichung der Atemorgane innerhalb der Ordnung Araneae.

Wir wollen nun die bei unseren Untersuchungen gefundenen Verhältnisse vergleichen. Dabei werde ich aufs Strengste vermeiden, dies im Anschluß an irgendwelche phylogenetische Spekulationen wie die Limulustheorie zu tun, sondern alle Schlüsse nur aus dem gefundenen Tatsachenbestand ableiten. Zunächst betrachten wir die Lage der Stigmen. Wir finden da folgendes: bei den Vogelspinnen und den Dysderiden wie auch bei *Caponia* liegen die beiden Stigmenpaare dicht hintereinander, während sie bei *Aranea* weit voneinander getrennt sind, indem das Tracheenstigma dicht vor den Spinnwarzen nach außen mündet. Es unterliegt keinem Zweifel, daß das Verhalten der Vogelspinnen und Dysderiden das primitivere ist. Die übermäßige Dehnung des 3. Segmentes, die die Tracheenstigmen bis ans Hinterende des Körpers verlagert, ist sekundärer Natur. Sie tritt auch in der Embryonalentwicklung erst später auf, während der Embryo zuerst eine deutliche Metamerie zeigt (PURCELL, KAUTZSCH).

Nun kommen wir zur Betrachtung der Lungenstigmen selbst. Wir finden zwei verschiedene Ausbildungen. Bei *Segestria* und den Vogelspinnen besteht jedes Stigma aus einem isolierten Schlitz, während bei *Aranea* die Stigmen medial in die Genitalspalte übergehen, so daß eine Interpulmonarspalte entsteht. Diese Spalte enthält auch die Entapophysen für die abdominale Längsmuskulatur. Bei den Dysderiden ist die Apophyse mit dem Genitalvorhof in Verbindung getreten, während bei den Vogelspinnen überhaupt keine Entapophysen vorhanden sind, sondern die Längsmuskeln sich direkt an die Körperwand anheften. Ich habe bereits 1924 die Ansicht ausgesprochen, daß der Vorderrand der Interpulmonarspalte vergleichend-anatomisch dem Hinterrande des 2. Abdominalsternites entspricht. Tatsächlich läßt sich dies durch einen Vergleich mit den gegliederten Liphistiidae und Pedipalpi beweisen [1]. Der Gedanke findet sich übrigens schon bei PURCELL angedeutet, während ihn SOERENSEN 1917 scharf ausgesprochen hat [2]. Die Tatsache, daß die

[1] In der genannten Arbeit habe ich leider die Lage der Stigmen bei den Solifugen falsch angegeben. Der gleiche Fehler findet sich übrigens auch im Handbuch der Morphologie der wirbellosen Tiere von LANG-HESCHELER.

[2] Die damals erschienene nachgelassene Arbeit „Sur la morphologie de l'abdomen des araignèes" kannte ich 1924 leider noch nicht. In der vorliegenden Arbeit habe ich ihre Ergebnisse nie herangezogen, weil sie im Gegensatz zu allen

Epigastralspalte sich bei diesen altertümlich erscheinenden Formen vorfindet, hat mich seinerzeit verführt, sie für eine primitive Bildung zu halten. Heute bestreite ich entschieden die weit verbreitete Gewohnheit, ein Organ deshalb für primitiv zu halten, weil es bei „altertümlichen" Tieren vorkommt. Oft besitzen nämlich auch primitive Tiere Organe, die weiter differenziert sind als bei jüngeren Formen (ich habe bereits bei der Untersuchung der Gnathocoxen 1925 darauf hingewiesen). Das Vorkommen der Interpulmonarspalte bei *Liphistius* und den *Pedipalpi* sagt also nichts über ihr Alter aus. Dagegen gibt uns die Ontogenie einige Auskunft darüber. PURCELL fand nämlich, daß bei *Attus* die Epigastralspalte erst im Laufe der postembryonalen Entwicklung entsteht, während zunächst isolierte Stigmen vorhanden sind. Dies läßt eher auf ein junges Alter der Epigastralspalte schließen.

Nach derselben Richtung weist das Verhalten der Muskeln bei den Formen mit Interpulmonarspalte. Sie heften sich hier, wie schon gesagt, an einer tief ins Innere des Körpers eingestülpten Entapophyse an, während sie bei den Formen ohne Epigastralspalte direkt an der Körperwand inserieren. (Ausnahme: Dysderidae!) Der letztere Fall scheint doch der ursprünglichere, während das Verlagern der Muskelanheftungspunkte ins Innere des Körpers erst das Produkt einer längeren Entwicklung sein wird. Man kann also zusammenfassend sagen, daß die Interpulmonarspalte wahrscheinlich eine jüngere Bildung ist. Der Beweis dafür läßt sich allerdings nur sehr unvollständig erbringen. (Eine Darstellung der Epigastralspalte bei den verschiedenen Familien der Araneen befindet sich in der vorzüglichen Arbeit von PURCELL 1909.)

Was den Vorhof betrifft, so finden wir bei den untersuchten Arten keine wesentlichen Unterschiede, mit Ausnahme der Tatsache, daß er bei den mit einer Interpulmonarspalte versehenen Familien ohne Grenze in den Genitalvorhof übergeht. PURCELL konnte auch bei *Caponia* keine wesentlichen Abweichungen von den anderen Spinnen finden, außer daß die Vorderwand siebförmig durchbohrt ist.

Die übrigen Teile der Fächertracheen sind ebenfalls bei allen Familien, ja sogar bei den verschiedenen Ordnungen im Grunde genommen meist nach einem Schema gebaut. Durch die Arbeiten von BERTKAU, BLANCHARD, BÖRNER, FAGE, HANSEN und SOERENSEN und PURCELL sind bisher die Lungen folgender Ordnungen und Familien an einzelnen Arten

---

anderen Arbeiten des hervorragenden Arachnologen zum Teil fraglich und zum Teil sogar falsch sind. Der Grund dieser Tatsache ist einmal darin zu suchen, daß SOERENSEN keine der nach 1894 erschienenen ontogenetischen Arbeiten berücksichtigt hat. Zum anderen aber hat er nicht die einzelnen Muskeln untersucht, sondern er beurteilt das Muskelsystem der Spinnen in der Hauptsache nur nach den außen am Integument sichtbaren Anheftungsstellen. So ist es zu erklären, daß ihm z. B. die Dehnung des 3. Hinterleibssegmentes entgangen ist, und er die Tracheen einem viel weiter hinten gelegenen embryonalen Segment zurechnet usw.

untersucht worden: 1. Ordo Scorpiones. 2. Ordo Pedipalpi. Uropygi, Amblypygi, Tartarides. 3. Ordo Araneae. †*Aviculariidae, *Atypidae, †Eresidae, * Uloboridae, † Dictynidae, † Scytodidae, †* Dysderidae, Leptonetidae, †Pholcidae, Caponiidae, †Drassidae, †Palpimanidae, †Theridiidae, †Linyphiidae, †Tetragnathidae, †*Araneidae, †Thomisidae, †Clubionidae, *†Argyronetidae, †Agelenidae, †Pisauridae, †Lycosidae, †Salticidae.

Die mit einem Kreuz versehenen Familien sind von Purcell untersucht worden, ohne daß er etwas anderes darüber mitteilt, als daß sie nicht von dem Hauptschema der Fächertracheen abweichen. Die mit einem Sternchen versehenen Familien sind von mir daraufhin untersucht worden.

Der Bau der Lungen der genannten Ordnungen zeigt nur selten Abweichungen. So ist bei den meisten Skorpionen die Unterwand des Vorhofes ziemlich lang. Auf diese Weise bildet der Vorhof einen nach vorn gerichteten langen Sack, an dessen Vorderwand die Sacculi entspringen. Dadurch erhält die Lunge der Skorpione ein Aussehen, das dem einer Büscheltrachee (vgl. Abb. 39) insofern gleicht, als die Luft vom Stigma aus in einen längeren Raum gelangt.

Während diese Abweichung nur ganz unwesentlich ist, finden wir bei den Caponiiden und nach den Untersuchungen von Fage auch bei einigen Leptonetiden (*Telema tenella* Sim. *Apneumonella oculata* Fage) stärkere Veränderungen, indem bei diesen Arten vom Vorhofe keine Sacculi ausgesandt werden sondern röhrenförmige Kapillaren, die bei *Telema tenella* nicht auf den Hinterleib beschränkt sind, sondern sogar in die Kopfbrust eintreten. Wir haben hier also an Stelle der Fächertracheen Büscheltracheen. Diese sind den Fächertracheen homolog. Ebenso wie sie nämlich in den erwähnten Fällen an Stelle der ersten Fächertracheen auftreten, finden sie sich auch als 2. Atemorganpaar vor, das in andern Fällen durch Fächertracheen dargestellt wird. Während der erstere Fall nur in zwei Familien eintritt, ist der letztere bei den meisten lebenden Spinnen zu finden, indem nur die Vogelspinnen (Aviculariidae und Atypidae) ihr 2. Paar Atemorgane in Gestalt von Fächertracheen besitzen, während alle anderen Spinnen mit Ausnahme der Hypochilidae hier röhrenförmige Tracheen ausgebildet haben (in einigen Fällen sind diese dann sekundär reduziert worden: Pholcidae). Auch die Embryologie beweist mit aller Klarheit die Homologie von Fächer- und Büscheltracheen.

Nun fragt es sich, welches der beiden Organsysteme älter sei. Über dieses Thema sind eine große Anzahl Ansichten geäußert worden. Es ist ganz ausgeschlossen, sie auch nur kurz wiederzugeben. Wir verweisen deshalb auf die schöne Zusammenstellung von Kassianow und die vorzügliche Arbeit von Versluys und Demoll. In beiden Schriften ist das über unser Problem vorhandene Schrifttum mit großer Objektivität zusammengestellt und verarbeitet worden. Ich aber möchte ein neues Kriterium in die Diskussion werfen und mich der Frage, welches der beiden Organe älter ist, auf seinem Umwege nähern.

Man kann bei den Spinnen zwischen zwei physiologischen Typen von Atemorganen unterscheiden, den lokalisierten und den umherschweifenden.

Die ersteren sind Einstülpungen des Ectoderms, die auf das Segment, in dem sie angelegt werden, beschränkt bleiben (Fächer- und Büscheltracheen). Sie sind ursprünglich in einer ganzen Anzahl hintereinanderliegender Segmente vorhanden gewesen. Da sie nicht selbst die Luft bis zu den Organen transportieren können, übernimmt die Hämolymphe diese Aufgabe. Es ist deshalb dieses System, wo es in nur halbwegs ursprünglicher Art auftritt, stets an ein besonders leistungsfähiges Rückengefäß gebunden, das entsprechend der metameren Anordnung der Atemorgane in jedem Segment ein Ostienpaar und ein Paar Lungenvenen besitzt. Einen solchen Fall zeigen die Skorpione. Sie besitzen 4 Paar lokale Atemorgane. Ihr Herz zeigt eine an metamere Verhältnisse stark erinnernde Struktur, und es sind ebensoviel Lungenvenen (7) vorhanden, wie das Präabdomen Segmente hat. Die beiden vorderen Lungenvenen, in deren zugehörigen Segmenten keine Atemorgane liegen, gehen zur ersten Lunge, von der aus außerdem noch die zum 1. Lungensegment gehörige Lungenvene zum Herzen führt. Ebenso geht die hinterste Lungenvene, die ebenfalls einem lungenlosen Segment angehört, zum 4. Atemorganpaar, das dadurch auch 2 Paar abführende Sinus erhält. Diese Verhältnisse, die von Buisson schön dargestellt worden sind, weisen klar darauf hin, daß ursprünglich in allen Segmenten Lungen vorhanden gewesen sein müssen, und daß die lokalisierten Atemorgane der Spinnentiere in enger Beziehung zur Metamerie des Körpers und des Kreislaufsystemes stehen.

Die umherschweifenden Atemorgane stellen Einstülpungen des Körpers dar, die von einem Segment aus den ganzen Körper durchziehen, also den Organen den Sauerstoff direkt ohne Vermittlung der Hämolymphe zuführen. Das Rückengefäß ist deshalb hier weniger stark entwickelt, und seine Ostien sind nicht mehr in allen Segmenten vorhanden. Das ganze System neigt zur Aufgabe der Metamerie, die aber durchaus nicht zu erfolgen braucht. Die Dysderiden mit ihrem gewaltigen, den ganzen Körper durchdringenden 2. Tracheenpaar und dem nur noch mit zwei Ostienpaaren versehenen Herzen mögen als Beispiel für diese Form der Atemorgane dienen.

Es handelt sich nun darum zu entscheiden, welche Form der Atemorgane die ältere ist. Wir wollen uns dabei nur einer Hypothese als Grundlage für unser Urteil bedienen. Sie lautet: Wenn bei einem Tier ein Organ wenig differenziert in mehreren Segmenten des Körpers auftritt, so steht es hier auf einer primitiveren Stufe als bei Tieren, wo es in einer größeren Anzahl von Segmenten unterdrückt worden ist, um dafür in andern besonders differenziert aufzutreten. Diese Hypothese ist, soviel ich die Dinge übersehe, nicht umkehrbar. Wenden wir sie auf unseren Gegenstand an, so erscheinen die lokalisierten Atemorgane als die ursprünglicheren. (Bei den Tracheaten wird dies wohl kaum noch irgendwie bezweifelt werden.)

Ich gebe nun einen Überblick über die Verteilung der zwei Atemorgantypen bei den Araneen, die oft beide in einem Körper vereinigen. (Gegründet ist diese Übersicht auf die schönen Arbeiten von BERTKAU, FAGE, LAMY und PURCELL.)

1. *Vollkommenste Lokalisation.* Nur ein Paar Fächertracheen vorhanden (Pholcidae, Diguetia.)
2. *Zwei Paar lokalisierte Atemorgane.*
   a) Beides Fächertracheen, z. B. Atypidae, Aviculariidae, Hypochilidae.
   b) Ein Paar Fächer- und ein Paar kurze Röhrentracheen z. B. Filistata.
   c) Ein Paar Fächertracheen und ein Paar lokalisierte Röhrentracheen, zu dem noch ein Paar zu Tracheen umgewandelte röhrenförmige Entapophysen kommen.
      Bei den meisten Spinnen vorhanden. Z. B. *Aranea, Tegenaria,Lycosa* usw.
3. *Ein Paar lokalisierte und ein Paar umherschweifende Atemorgane.*
   a) 1. Paar als Fächertracheen entwickelt.
      α) 2. Paar besteht aus umherschweifenden Röhrentracheen. Z. B. *Dysdera.*
      β) 2. Paar besteht aus lokalisierten Röhrentracheen und einer zur umherschweifenden Röhrentrachee umgewandelten Entapophyse. Z. B. *Cryphoeca.*
      γ) 2. Paar besteht nur aus der umherschweifenden Entapophyse, z. B. *Argyroneta.*
   b) 1. Paar als Siebtrachee, 2. Paar als umherschweifende Trachee entwickelt. Caponiidae.
4. *Zwei Paar umherschweifende Atemorgane.* Z.B. *Telema tenella* SIMON.
   (Zwischen 2c und 3a α, β und γ finden sich viele Übergänge.)

In dieser Übersicht glaube ich, alle bisher bekannten Konstellationen aufgeführt zu haben. Ich will nun versuchen, die einzelnen Systeme in einen inneren Zusammenhang zu bringen. Dabei werde ich mit voller Absicht nur eine ganz grobe Faustskizze geben. Wir kennen ja nur eine ganz zufällige Auswahl der Spinnen in bezug auf ihre Atemorgane genauer. Diese zeigt wohl die Hauptlinien der Entwicklung, die feineren

Züge aber würde man nur darlegen können, wenn man zahlreiche hypothetische Zwischenglieder einschieben würde. Die Einführung von Hypothesen aber möchte ich gerade strengstens vermeiden. So ist folgende Darstellung nicht im geringsten von den für die Arachniden wichtigen stammesgeschichtlichen Hypothesen beeinflußt und nimmt keine Rücksicht auf solche. Sie stellt vielmehr die Entwicklungsrichtungen so dar, wie sie sich mir bei der Betrachtung der verschiedenen Ausbildung der Atemorgane ohne weiteres aufdrängten [1]. Nur die Richtung der Entwicklung gründet sich auf eine Hypothese, die ich S. 531 erwähnt habe, und die mir für die Articulaten allgemein zu gelten scheint.

Als Ausgangspunkt müssen wir, entsprechend unseren Überlegungen von S. 532, eine Familien wählen, die in mehreren Segmenten gleichartig angeordnete, lokalisierte Atemorgane besitzt. Unter den Spinnen sind dies die Vogelspinnen. Sie besitzen zwei hintereinanderliegende lokalisierte Atemorgane, ebensoviel Lungenvenen und das am stärksten segmentierte Herz, das wir von einer Spinne kennen [2].

Von diesem Stadium aus lassen sich zwei Entwicklungsrichtungen innerhalb der Araneen feststellen. Die eine führt zur Ausbildung des umherschweifenden Typus der Atemorgane. Die andere dagegen läßt das Bestreben erkennen, nur noch ein einziges Atemorgan auf einer hohen Entwicklungsstufe zu halten und mit diesem stets lokalisierten Organ den gesamten Gaswechsel zu bestreiten. Beide Richtungen erscheinen in zwei verschiedenen morphologischen Ausprägungen. (Ob diese von den einfachen Zuständen aus sich völlig isoliert entwickelt haben oder miteinander in Verbindung stehen, läßt sich an den bisher bekannten Daten nicht erweisen.)

Betrachten wir zunächst die einfachere morphologische Lösung der beiden physiologischen Entwicklungsrichtungen, der die geringere Zahl der heutigen Spinnen angehört. Das Drängen zur extremsten Lokalisation der Atmung schafft da zunächst den Zustand, daß die hintere Fächertrachee (oder Siebtrachee) bis auf den Vorhof reduziert wird (z. B. *Filistata*) [3]. Bei andern Arten kommt dann auch noch dieser in Wegfall und wir suchen vergebens nach dem 2. Paare der Atemorgane. Nur die an seiner Innenseite liegenden Entapophysen, die der Anheftung

---

[1] Auf den Träger des Atemorganes ist ebenfalls keine Rücksicht genommen worden, es wird also eine reine Organgeschichte vorgelegt. Begründung dieses Standpunktes ergibt sich aus Punkt 3 auf S. 537.

[2] Ob die Atemorgane durch Büscheltracheen oder durch Fächertracheen dargestellt werden, spielt vorläufig für uns keine Rolle.

[3] Die Namen sollen lediglich an die Abbildungen bzw. Beschreibungen der Atemwerkzeuge bei den betreffenden Arten erinnern, nicht aber die Gattungen selbst in phyletische Beziehungen zueinander bringen. Wir schildern ja nur die Entwicklung des Organes, die in unserem Falle durchaus nicht mit der der zugehörigen Familien verknüpft zu werden braucht.

der ventralen Längsmuskeln dienen, deuten noch die Stelle an, wo es zu liegen hätte. Die Fächertracheen des ersten Paares aber sind mächtig entwickelt und decken den Sauerstoffbedarf des gesamten Körpers (Familie Pholcidae).

Nun kommen wir zu den Formen, die das Streben nach der Schaffung eines umherschweifenden Systemes verkörpern. Da sind zunächst Arten, bei denen sich das 2. Paar der Atemorgane in eine umherschweifende Trachee verwandelt, die bis in die Kopfbrust reicht, während das erste Paar der Atemorgane reduziert wird zu einer mit nur wenig Sacculi versehenen Fächertrachee. Auch das Rückengefäß wird rückgebildet und besitzt im Gegensatz zu dem der meisten anderen Spinnen nur zwei Ostienpaare (z. B. *Segestria*, *Dysdera*). In einem Falle wird nun sogar noch das 1. Paar der Atemorgane zu einer umherschweifenden Trachee ausgebildet, so daß hier das Extrem erreicht wird, indem der ganze Gasstoffwechsel sich durch umherschweifende Tracheenkapillaren vollzieht (*Telema tenella* Sim., eine Leptonetide [Höhlenspinne]).

Wir wenden uns nun der andern morphologischen Ausprägung der gleichen Entwicklungsrichtungen zu, die wir soeben betrachtet haben. Ihr gehört der größte Teil der heute lebenden Spinnen an. Sie ist durch die eigentümliche Erscheinung gekennzeichnet, daß sich das 3. Abdominalsegment sehr stark verlängert. Dadurch kommen die an seinem Hinterrande liegenden Stigmen des 2. Atemorganpaares dicht vor die Spinnwarzen zu liegen, (Abb. 1). Gleichzeitig rücken sie nach der Mittellinie des Körpers, wo sie sich zu einem einheitlichen Schlitz vereinigen. Die Gattungen der Anyphaenidae haben die verschiedensten Stadien der Verschiebung der Stigmen nach hinten festgehalten. Wir finden bei einigen die Tracheenstigmen nahe der Epigastralspalte, bei andern auf der Mitte des Bauches, dann bei einigen in dessen letztem Drittel und zuletzt bei manchen nahe vor den Spinnwarzen. Auch während der Embryonalentwicklung läßt sich die Streckung des 3. Abdominalsegmentes bei vielen Arten gut beobachten, wie dies von Kautzsch, Purcell und Wallstabe in letzter Zeit nochmals sehr schön dargestellt worden ist (*Agelena*, *Attus*).

Die zur Lokalisation der Atmung auf das 1. Paar der Atemorgane führenden Zustände zeigen sich recht klar bei den Sicariidae. Die dazugehörige Gattung Loxosceles besitzt zwei Büscheltracheen. Die medial von dieser liegenden Entapophysen sind in ihrer Längsrichtung miteinander verschmolzen und hohl. Da sie mit den gleichen Intimabildungen ausgerüstet sind wie die Büscheltracheen, dürften sie sich an der Atmung beteiligen. Bei der zur gleichen Familie gehörigen Gattung *Scytodes* sind die Büscheltracheen auf ein Paar unverzweigte Fäden reduziert und die verschmolzenen Entapophysen kürzer und ohne Intimastacheln. Bei *Diguetia* endlich fehlt das 2. Paar Atemorgane ganz, so daß hier ebenso wie bei *Pholcus* das 1. Paar der Atemorgane allein den Gaswechsel bestreitet. Wir finden also die gleichen physiologischen Zustände auf einer morphologisch und deshalb wohl auch organgeschichtlich anderen Basis [1].

Viel komplizierter ist nun der Weg, der auf verwandter anatomischer Grundlage zur Ausbildung umherschweifender Tracheen führt. Zunächst findet sich bei allen seinen Vertretern (es sind dies die meisten der heute lebenden) ganz wie bei allen andern Spinnen mit nach hinten verlagertem Stigma stets das 2. Atemorganpaar in einem reduziert erscheinenden Zustande. In vielen Fällen wird es nur durch ein Paar unverzweigter Röhren dargestellt, in andern ist es durch eine nie stark entwickelte Büscheltrachee vertreten. Der Schwerpunkt der Entwicklung ist auf die an seiner Medialseite liegenden Entapophysen übergegangen. PURCELL erklärt dies damit, daß sie in dem paarigen Ventralsinus liegen. Die Entapophysen werden bei den zu unserem Entwicklungszweig gehörigen Arten vom Vorhofe aus hohl, zunächst nur im Anfange bis später schließlich das Lumen bis ans Ende der Entapophysen reicht. Es ist mit derselben Chitinintima ausgekleidet wie die Tracheen, so daß die Entapophysen nun zweifellos der Atmung dienen werden (z. B. *Aranea*). Bei einer Anzahl Arten ragt diese hohlgewordene Entapophyse weit über den Entochondriten *t* 9, zu dessen Anheftung sie einst diente, hinaus. Bei andern wieder gibt sie Büschel von Seitenzweigen ab, die oft in großer Zahl vorhanden sind und bis in die Organe der Kopfbrust ziehen. Es ist so ein umherschweifendes Tracheensystem entstanden. Doch die Entwicklung geht noch weiter. Die eigentliche Anlage des 2. Atemorganpaares, die schon auf den geschilderten Stadien ganz hinter der Entapophysealtrachee zurücktritt, ist schließlich bei manchen Species gar nicht mehr zu finden, sie scheint völlig reduziert worden zu sein (z. B. *Argyroneta*) [2]. Wir erhalten dann z. B. bei unserer Wasserspinne Zustände, die denen von *Dysdera* ganz und gar analog sind, obgleich sie auf Grund einer ganz anderen Entwicklung entstanden sind.

Für die oben geschilderte Entwicklung der Entapophysealtrachee lassen sich zwei Beweise beibringen: ein vergleichend-anatomischer und

[1] Ob diese Art der Organausbildung an ihrer Wurzel mit der der Pholciden zusammenhängt, oder ob die Spinnen mit gestrecktem 3. Abdominalsegment als ganz selbständige Zweige bis zu den primitivsten Stadien isoliert zurückzuerfolgen sind, läßt sich, wie schon angedeutet wurde, nicht mit Sicherheit sagen. Wir können lediglich behaupten, daß alle Arten mit nach hinten verschobenen Stigmen in bezug auf die Atemorgane weniger primitiv sind als solche, deren Stigmenpaare noch dicht hintereinander liegen.

[2] PURCELL fand die ventralen Längsmuskeln bei *Argyroneta* lateral der Tracheen verlaufend und an diese angeheftet. Ich kann diesen Befund bestätigen und muß wie er daraus schließen, daß diese Tracheen Abkömmlinge der Entapophysen sind, so unwahrscheinlich es auch auf den ersten Blick aussieht.

ein ontogenetischer [1]. Beginnen wir mit dem erstgenannten. Das Material dazu liefert uns LAMY in seiner schönen Arbeit. Innerhalb der Familie der Ageleniden — (ich fasse sie enger als LAMY, indem ich *Hahnia* und *Argyroneta* wie viele andere Systematiker eigenen Familien zuweise) — finden wir folgende Verhältnisse. Bei *Tegenaria* besteht das 2. Paar der Atemorgane aus zwei Paar unverzweigten Röhren. (Dieser Zustand findet sich bei sehr vielen Spinnen aus den verschiedensten Familien.) Das äußere Paar wird durch die eigentlichen Tracheen dargestellt, das innere durch die hohl gewordene Entapophyse, an die sich der Entochondrit *t* 9 anheftet wie bei allen anderen Spinnen [2]. Der Atemprozeß wird im wesentlichen von den Lungen bestritten (vgl. S. 554). Die Entapophyse ist schon bei *Agelena* über den Ansatzpunkt des Entochondriten hinaus verlängert. *Cicurina cicur* besitzt an der Entapophysealtrachee eine Anzahl Kapillaren, die bei *Cryphoeca* so mächtig sind, daß sie bis in die Kopfbrust reichen. Wir sind also schon auf der Stufe eines umherschweifenden Systemes. Bei *Cybaeus* und *Chorizomma* nun suchen wir für gewöhnlich vergeblich nach der eigentlichen Atemorgananlage, denn das äußere Röhrenpaar, das dieses darstellte, ist verschwunden. Nur bei einigen Exemplaren scheint es manchmal noch angedeutet zu sein. Dagegen ist die Entapophysealtrachee stark entwickelt. (Besonders gut läßt sich dies schwankende Auftreten der eigentlichen Organanlage an den Tracheen der Micryphantide Erigone dentipalpis beobachten, von der LAMY vier sehr instruktive Bilder gibt.)

Der embryologische Beweis ist von PURCELL und KAUTZSCH erbracht worden. Beide haben bei *Agelena* das Hohlwerden der Entapophyse beobachtet. PURCELL hat dann an *Attus* (Salticide) nachgewiesen, daß beim Ausschlüpfen der jungen Spinne die Entapophyse nicht in voller Länge hohl ist und noch keinerlei Kapillaren aussendet, sondern daß diese erst im Laufe einer ganzen Anzahl von Häutungen entstehen.

Aus unserer Darstellung geht folgendes hervor:

1. Die Ausbildung der Atemorgane läßt zwei Richtungen erkennen: Die eine führt zur Unterdrückung des 2. Paares der Atemorgane und zur Lokalisation der Atmung auf die erste Fächertrachee. Die andere dagegen führt zur Ausbildung eines umherschweifenden Atemsystemes, das durch das 2. Atemorganpaar dargestellt wird. Nur einmal ist auch das 1. Atemorganpaar daran beteiligt (*Telema*).

---

[1] In bezug auf die Richtung, in der sich die Vorgänge vollzogen haben, besitzt nur der ontogenetische Beweiskraft. Der anatomische hat als Grundlage für die Richtung die S. 531 angeführte Theorie, und die Tatsache, daß sich das mittlere Röhrenpaar ontogenetisch aus Entapophysen entwickelt.

[2] Bei den Ageleniden erscheint dies zwar als Ausgangspunkt der Entwicklung. Ich möchte aber annehmen, daß dieser durch ein System dargestellt wird, das ein Paar Büscheltracheen und ein Paar nur in der Nähe des Vorhofes hohl gewordener Entapophysen aufweist wie z. B. *Otiothops* unter den Palpimaniden. Beweise dafür habe ich nicht, doch spricht die Ontogenie dafür.

2. Beide Richtungen finden wir in zwei morphologischen Ausprägungen, indem sie sich sowohl innerhalb der Araneen finden, deren 2. Paar Atemorgane seine Lage ungefähr beibehält, wie auch bei denen, die das Tracheenstigma kurz vor den Spinnwarzen liegen haben. Bei den letzteren wird aber die umherschweifende Trachee nicht von den Anlagen des 2. Atemorganpaares, sondern von deren Entapophyse gebildet [1].

3. Die Tracheensysteme der verschiedenen Gattungen einer Familie sind oft durchaus nicht gleich, sondern unterscheiden sich beträchtlich, indem sie verschiedene Stadien der von uns angeführten Entwicklungswege zeigen (dies zeigt sich bei den Sicariidae, Palpimanidae, Theridiidae, Agelenidae und Salticidae, selbst wenn man die Familien viel enger faßt als LAMY). Daraus geht hervor, daß innerhalb der Familienentwicklung starke Veränderungen am Tracheensystem stattfinden können. Dies zeigt aber mit aller Klarheit, daß man die Atemorgane der Spinnen nicht nur nicht in einer Reihe anordnen kann, sondern dieses gar nicht darf, wenn man den tatsächlichen Zuständen Rechnung tragen will, da eben mehrere parallele Linien vorhanden sind.

4. Die Tracheen der Spinnen sind ein Atemorgan, das auch jetzt noch sehr zu Abänderungen neigt. LAMY stellte vier verschiedene Grade der Ausbildung der Röhrentracheen bei Individuen von *Erigone dentipalpis* fest und fand auch bei andern Arten aberrante Typen.

5. Die Veränderungen im Atemsystem der Spinnen betreffen fast immer nur das zweite Paar der Atemorgane. Eine Ausnahme machen nur die Caponiidae und einige Leptonetiden, wo das 1. Atemorganpaar als Büscheltrachee erscheint, die im letztgenannten Falle sogar umherschweifend geworden ist.

Wir kehren nun zurück zu der Frage, ob die Büschel- oder die Fächertrachee das ältere Organ sei. Durch unsere bisherigen Ausführungen scheiden für diese Betrachtung zunächst alle umherschweifenden Systeme und die Entapophysealtracheen vollkommen aus. Es bleiben für unsere Entscheidung nur die Büscheltracheen (etwa in der Form, wie sie im 1. Atemorgan der Caponiiden vertreten sind) übrig, während alle anderen Bildungen als sekundär ausscheiden.

An der Homologie der Büscheltracheen mit den Fächertracheen kann, wie schon ausgeführt wurde, niemand zweifeln. Dagegen stößt eine Entscheidung über das Alter beider Organe auf große Schwierigkeiten, die letzten Ende darin liegen, daß die Büscheltrachee die gleiche Organisationshöhe wie die Fächertrachee besitzt, nur im Rahmen eines anderen

[1] VERSLUYS bestreitet, daß Entapophysen zu Tracheen werden können, ohne einen Gegenbeweis oder eine andere Erklärung, die auf sicherem Tatsachenmaterial fußt, bringen zu können. Wir müssen seinen Standpunkt ablehnen, da wir die von PURCELL für seine Ansicht vorgebrachten Gründe nicht widerlegen können, sondern durchaus anerkennen müssen.

Bauplanes. Es handelt sich also darum, den ursprünglicheren der Baupläne zu finden. Die Organgeschichte besitzt kein Kriterium, mit dessen Hilfe ihr dies möglich wäre. So muß die Lösung auf einem Umwege gefunden werden. Es ist nämlich sehr wahrscheinlich, daß die Fächertrachee eng mit den *Limulus*-Kiemen verwandt ist, während die Röhrentrachee weniger nahe Beziehungen zu den Atemorganen von *Limulus* hat. Aus diesen Gründen vermag nun die Stammesgeschichte, die Frage zu lösen, die der Organgeschichte unzugänglich ist. Wenn sie nachweisen würde, daß die Entwicklung von den Arachniden zu *Limulus* gegangen ist, so wäre wohl bewiesen, daß die Büscheltrachee älter ist. Im umgekehrten Falle dagegen würden die Fächertracheen als das ältere Organ erscheinen. Augenblicklich stehen nun die angedeuteten stammesgeschichtlichen Fragen in lebhaftem Fluß, indem beide Richtungen vertreten werden. Für die erstere sprechen besonders die Ausbildung der Augen und einiger anderer Organe, während die letztere durch hervorragende Forschungen auf dem Gebiete des Nervensystems von HANSTRÖM gestützt wird. Von dem Siege einer dieser Richtungen ist auch unsere das Alter der Fächer- und Siebtracheen betreffende Frage abhängig.

VERSLUYS hat im Gegensatz zu dieser Ansicht versucht, die Altersfrage durch eine Hypothese zu lösen, auf die wir hier näher eingehen müssen. Er hat als erster klar erkannt, daß das Tracheensystem vieler Dipneumones den Eindruck eines rückgebildeten Organes macht. (Es handelt sich dabei um die Arten, die nach unserer Ansicht einer Lokalisation der Atemorgane zustreben (*Pholcus*, *Filistata* und als Abzweig der andern Richtung *Aranea*). Aus diesem Grunde hält er es für wahrscheinlich, daß die Röhrentracheen das ältere Atemorgan der Spinnen darstellen. Er denkt sich die Atemorgane der Formen, von denen die Araneen abstammen, „als eine Kombination von typischen Tracheen und Buchtracheen, indem der Anfangsteil der im übrigen typischen Tracheen als Buchtrachee mit Lungenblättern differenziert war, und zwar kann man dies für alle am Abdomen mündenden Atemorgane annehmen.“ Diese Hypothese bedarf nach unseren speziellen Untersuchungen zunächst einer Korrektur in bezug auf den Ausdruck „Lungenblätter“. Eine Fächertrachee enthält keine Lamellen, wie es in den klassischen Schriften über die Spinnenlungen geschildert wird, auf deren Lektüre der Irrtum von VERSLUYS beruhen wird. Dann aber müssen wir auch aus physiologischen Gründen dieser Theorie widersprechen. Mit der „typischen“ Trachee meint der Autor wahrscheinlich umherschweifende Tracheen. Wenn nun im Anfang dieser Tracheen ein Atemorgan wie die Fächerlunge läge, so würde in den eigentlichen Hauptteil der Trachee wahrscheinlich nur stark kohlensäurehaltige Luft gelangen, oder es würde überhaupt keine Gasströmung in ihr stattfinden. Die der Außenwelt naheliegende Fächertrachee würde ja der einströmenden Luft Sauerstoff entnehmen und sie dafür mit Kohlensäure anreichern. Das so entstandene Gemisch stände nun dem Hauptabschnitt der Trachee zur Verfügung. Es würde sich in bezug auf den Partiardruck des Sauerstoffes und der Kohlensäure natürlich viel weniger von der Luft der mittleren und hinteren Abschnitte der Trachee unterscheiden, als die Atemluft von dieser abweicht. Deshalb würde nur ein ganz schwacher Diffusionsstrom stattfinden. Es ist nicht anzunehmen, daß die Natur auf diese Weise ein gut arbeitendes Tracheensystem lahmlegen wird. Auch müßte ja mit dieser Änderung ein weitgehender Ausbau des Kreislaufes Hand in Hand gehen, der zur Schaffung eines in allen Segmenten mit Ostien und Lungenvenen versehenen Rückengefäßes führen würde. Ein solches metameres System aber ist unserer Ansicht nach bei den Arachniden der Ausgangspunkt einer Entwicklung, nicht aber, wie es die Konsequenzen der VERSLUYSschen Theorie verlangen, ihr Ziel.

Die Beziehungen der Fächertracheen zu den Kiemen von Limulus.

Die Homologie der Fächertracheen mit den Kiemen von *Limulus* ist durch zahlreiche Arbeiten erwiesen worden. Eine Streitfrage dagegen bildet das Problem, welches Gebilde älter sei. Wir wollen versuchen, ob sich durch die von uns im speziellen Teil gewonnene Kenntnisse der Fächertracheen eine Lösung der Frage herbeiführen läßt. Sämtliche Theorien, die sich mit der Umwandlung der Kiemen in Fächertracheen oder umgekehrt beschäftigen, legen den größten Wert auf die Körperstelle, an der sich beide Organe finden. Meines Wissens haben nur KINGSLEY und danach PURCELL auch das Organ selbst berücksichtigt. Die andern Autoren haben es mehr oder weniger übergangen. Wir legen hier *ganz grob* die beiden wichtigsten Theorien vor.

1. Unter den Kiemen von *Limulus* bildet sich eine tiefe Einsenkung der Bauchwand. Die Blattbeine legen sich darauf und verwachsen an den Rändern mit der Bauchwand. Nur der Hinterrand der Blattbeine verwächst nicht in ganzer Breite mit dem Integumente des Bauches, so daß hier eine Spalte frei bleibt, die in den eingesenkten Raum führt, in dem die Kiemenblätter liegen, die nun Lungenlamellen darstellen (Vertreter MAC LEOD).

Dazu haben wir folgendes zu sagen: Die so entstandene Fächertrachee müßte in einem abgeschlossenen Raume liegen. Dieser ist aber bei keiner Spinnenlunge vorhanden. Es müßten sich ferner bluthaltige Lamellen darin finden. Er enthält aber statt deren lufthaltige, nach innen eingestülpte Sacculi. Mit andern Worten: die eingesunkene Kieme eines *Limulus* würde, wenn sich der Prozeß so vollzöge, wie es oben dargestellt ist, auch im Innern des Körpers noch ein kiemenartiges Organ darstellen. Die Fächertrachee der Spinnen ist aber ganz anders gebaut. Sie verhält sich zu dem Organ, das der Theorie nach entstehen würde, wie das Negativ zum Positiv, indem alles, was bei der Kieme nach außen vorgestülpt ist, bei der Fächertrachee nach innen eingestülpt ist. KINGSLEY ist sich dessen schon bewußt gewesen und gibt deshalb an, daß die Lamellen nicht mehr nach außen wachsen dürften, sondern sich ins Innere des Körpers einstülpen müßten.

2. Die Sternite der Arachniden werden beweglich und stellen jetzt die „Blattbeine" von *Limulus* dar. Dadurch werden die an ihrem Hinterrande liegenden Fächertracheen auf die Hinterseite des entstandenen Blattbeines verlagert und dienen nun als Kiemen (Vertreter: DEMOLL und VERSLUYS).

Gegen diese Theorie haben wir das gleiche einzuwenden wie gegen die vorige. Wenn die Fächertracheen durch den angedeuteten Prozeß auf die Hinterseite der Blattbeine (= beweglich gewordenen Sternite) gelangten, so würden sich an deren Hinterwand nicht Kiemenblättchen zeigen, sondern statt deren eine große Anzahl untereinanderliegender Schlitze, die ins Innere von Sacculi führen, die in die „Blattbeine" hineinragen. Eine bloße Ortsverlagerung der Fächertracheen schafft also keine *Limulus*-Kiemen. Die Fächertracheen bleiben dabei, was sie sind, nämlich Einstülpungen. Wir können also sagen, daß beide *Limulus*-Theorien nicht in der Lage sind, allein durch Veränderung der Lage der Fächertrachee bzw. der Kieme das eine Organ in das andere überzuführen. Zu einer solchen Umwandlung ist vielmehr nötig, daß sich eine grundsätzliche Veränderung mit ihm selbst vollzieht, indem es aus einer Einstülpung zu einer Ausstülpung wird, bzw. aus einem Luftatmungsorgan zu einer Kieme oder umgekehrt [1]. KINGSLEY, PURCELL und KASSIANOW sind meines Wissens die einzigen, die sich dessen bewußt gewesen sind. Aus diesem Grunde vermag weder die Theorie von VERLSUYS noch die von MAC LEOD mit Hilfe der oben genannten Hypothesen anzugeben, was älter sei, Kieme oder Fächertrachee.

Auch organgeschichtlich läßt sich dieser Frage nicht beikommen. Die *Limulus*-Kiemen stehen nämlich als noch in mehreren Segmenten vorhandene, lokalisierte Atemorgane als Wasseratemwerkzeuge etwa auf der gleichen Entwicklungshöhe wie die Fächertracheen der Skorpione als Luftatemorgane. Aus diesem Grunde läßt sich kein Kriterium gewinnen, was die Richtung anzeigen könnte, in der diese Organe auseinander entstanden sind. Eine Lösung der Frage ist nur möglich, durch die sichere Feststellung des Mediums, in welchem die Vorfahren der Arachniden lebten. Dadurch wäre ohne weiteres die Frage beantwortet. Es ist hier nicht meine Aufgabe, auf diese Frage einzugehen, ich betone nur, daß sich

[1] Diese Änderung aber bietet keine Anhaltspunkte für die Erkennung der Richtung, in der sie vor sich ging, d. h. ob die Ausstülpung sich zur Einstülpung umstellte oder umgekehrt.

aus den obigen Ausführungen klar ergibt, daß die Struktur der Atemorgane der Arachniden, insbesondere die der Fächerlungen keine Unterlagen für eine der *Limulus*-Theorien gibt. Sie spricht lediglich für die Verwandtschaft der *Gigantostraca* mit den Arachniden, ohne der Abstammungsfrage den geringsten Stützpunkt zu liefern.

Die Beziehungen der Atemorgane der Araneen zu denen der Tracheaten.

Die eigenartige Gestalt der Fächertrachee ist unter den Atemorganen der Tracheaten nicht vertreten. Dagegen finden sich Bildungen, die den Siebtracheen der Spinnen ähneln. In diesem Zusammenhang verdient besonders die Siebtrachee der Diplopoden erwähnt zu werden. Sie besteht im wesentlichen aus einem flachen Vorhof, von dem Kapillarenbüschel ausgehen. Interessant ist es, daß der Vorhof, hier Tracheentasche genannt, wichtige Muskelanheftungspunkte bietet. Ferner ist es von Interesse, daß in manchen Körpersegmenten die Tracheentaschen keine Kapillaren aussenden und überhaupt nicht der Atmung dienen, sondern lediglich die Rolle von Entapophysen spielen. Es ergeben sich aus diesem Verhalten eine ganze Anzahl interessanter Parallelen zu den Tracheen der Araneen, ohne daß es sich um mehr als Analogien handelt. Eine gewisse Ähnlichkeit mit den Büscheltracheen haben ferner die eigentümlichen Atemorgane der Scutigeriden.

Ich möchte noch betonen, daß die in der Literatur aufgeführten grundlegenden Unterschiede der Tracheen der Araneen von denen der Insekten zumeist nicht vorhanden sind. Schon LAMY hat darauf aufmerksam gemacht. Von den oft genannten Unterschieden wie z. B. ovaler Querschnitt, Stachelbesatz, Fehlen des Spiralfadens usw. hat nur einer Gültigkeit, der die eigenartige Lage der Stigmen betrifft.

II. Physiologie.

1. Der Eintritt und die Bewegung der Luft in den Fächertracheen.

Das Öffnen der Stigmen.

Die älteren Arachnologen und der Physiologe PLATEAU haben niemals eine Öffnung der Stigmen bei den Spinnen beobachten können. Erst WILLEMS ist es geglückt, sie bei einem *Pholcus* zu sehen, der unter Wasser getaucht war. Ohne diese Tatsache zu kennen, beschrieb WEISZ 1922 die Öffnung der Stigmen bei Spinnen, die nicht in Wasser untergetaucht waren, und zuletzt beobachtete sie HAZELHOFF in einer mit Kohlensäure angereicherten Atmosphäre.

Ich habe das Öffnen der Stigmen sehr oft festgestellt. Bei *Aranea sexpunctata* LIN. (= *umbratica*), *Zilla atrica* C. L. KOCH und *Zilla litterata* OLIV. sah ich es an in Wasser untergetauchten Exemplaren. In freier Luft beobachtete ich es bei *Atypus piceus* SULZER, *Amaurobius ferox* WALCK., *Pholcus phalangioides* FUESSLI, *Theridium* spec., *Zilla litterata* und an einer nicht bestimmten tropischen Sparasside, die nahe mit *Heteropoda* verwandt ist. Die Beobachtungen wurden zum Teil an Tieren gemacht, die mittels eines um die Kopfbrust geschlungenen Fadens gefesselt worden waren. Dabei ist zu beachten, daß sich sowohl die unter Wasser getauchten wie auch die gefesselten Spinnen, die sich heftig gewehrt hatten, in einem gereizten Zustande befanden. Bei allen ohne Ausnahme erfolgte die Öffnung des Stigmas dadurch, daß sein Hinterrand nach hinten zurückgezogen wurde. Man konnte nun in den Atemvorhof hineinblicken, seine haarlose, glänzende Hinterwand und oft auch die gefensterte Vorderwand klar erkennen. (Die tropische Sparasside hatte ich vorher in der Stigmengegend rasiert.) Bei den beiden *Zilla*-Arten sah ich deutlich, daß die Vorhofhinterwand noch weiter nach hinten zurückwich, als das Stigma schon vollkommen geöffnet war (Abb. 55). In allen Fällen war der laterale Winkel des Stigmas am weitesten geöffnet, während sich die entstandene Spalte medialwärts verjüngte. Nun stand das Stigma verschieden lange Zeit offen. Bei einem jungen *Theridium* blieb es einmal 10 Sekunden, nachher 5, 8, 9, $1^1/_2$ Sekunden offen. Bei der großen Sparasside stand es das erstemal 18 Sekunden geöffnet, während es später nur 10 Sekunden klaffte. Bei einem Exemplar von *Zilla litterata*, das lange im Wasser untergetaucht war, war es, nachdem das Tier mit Fließpapier abgetrocknet war, einmal sogar einige Minuten lang völlig geöffnet. Indes ist dies als Ausnahme anzusehen. Der Schluß des Stigmas erfolgte dann bei allen Arten, indem sich die Hinterwand des Vorhofes wieder nach vorn bewegte und sich schließlich unter die Vorderkante des Stigmas wölbte (Abb. 4, S. 469). Bei den beiden *Zilla*-Arten ging dieser Schluß meist sehr schnell vor sich. Ganz anders sah ich ihn bei *Atypus* zustandekommen. Hier begann nämlich die Vorhofhinterwand plötzlich schnell zu vibrieren und sich gleichzeitig ganz langsam nach vorn zu bewegen. Dabei legte sich zuerst der dem First zunächst liegende Teil an die Vorderwand des Vorhofes an, und es folgte zuletzt erst der der Vorderkante gegenüberliegende Teil (Abb. 56). Ein ähnliches Zittern der Vorhofswand sah ich auch bei *Pholcus*, von dem es schon Willem in seiner schönen Arbeit berichtet.

Abb. 55. *Zilla litterata* Oliv. Schema des geöffneten linken Stigmas. Die gestrichelte Linie gibt die Ausweitung des Vorhofes nach hinten an. Der Pfeil weist nach der Mittellinie des Bauches.

Bei *Zilla litterata* konnte ich beobachten, daß sich stets beide Stigmen zugleich öffnen und schließen, wie es auch Hazelhoff bei anderen Arten festgestellt hat.

Wie schon bemerkt worden ist, befanden sich alle von mir untersuchten Tiere durch die Fesselung und zum Teil durch das Untertauchen in Wasser in gereiztem Zustande. An der Sparasside konnte ich deutlich beobachten, daß nach einiger Zeit keine Stigmenöffnungen mehr erfolgten, wenn man das Tier in Ruhe ließ. Nach jeder Folge von schnellen Bewegungen aber trat prompt wieder die Öffnung der Stigmen ein [1]. Eine besonders starke Tätigkeit der Stigmen ließen auch die untergetauchten Tiere erkennen, sowohl im Wasser wie in den ersten Minuten nach ihrer Befreiung. Es unterliegt wohl keinem Zweifel, daß in beiden Fällen eine Überlastung mit Kohlensäure bzw. ein Sinken des Sauerstoffdruckes im Körper die Ursache ist. HAZELHOFF konnte nun, wenn er die Stigmen mit Kohlensäure anblies, ebenfalls stets ein Öffnen derselben erreichen, also den gleichen Effekt, wie er durch starken Sauerstoffverbrauch (bzw. Kohlensäureanreicherung) im Tiere eintritt. Beide Beobachtungen zeigen, daß eine Regulation der Atmung vorhanden ist, die auf den Sauerstoffmangel oder Kohlensäurereichtum des Tieres reagiert. Ob die Stelle, von der die Regulation ausgeht, wirklich peripher, also am Stigma liegt, wie HAZELHOFF meint, kann ich nicht entscheiden. Jedenfalls fand ich keine Sinnesorgane im Vorhofe trotz eifrigen Suchens. (Dagegen hat PURCELL aus dem Vorhofe von *Caponia* ein Organ beschrieben, das er für ein Sinnesorgan hält!)

Beobachtet man Exemplare von *Zilla litterata*, die ungestört in ihrem Netze hängen, mit dem Mikroskop, so kann man meist keinerlei Bewegung ihrer Stigmen feststellen. Innerhalb mehrerer Beobachtungen von je 2—5 Minuten Dauer sah ich auch nicht die geringste Änderung am Stigma vor sich gehen. Dasselbe beobachtete ich bei ruhig sitzenden, griechischen, großen Sparassiden im Laboratorium des Herrn Prof. Dr. GERHARDT. Das Stigma scheint in diesen Fällen stets geschlossen. Indes könnte doch zwischen der Unterwand des Vorhofes und der innen daran liegenden Hinterwand ein feiner Spalt offen sein, den man bei senkrechter Betrachtung nicht sehen kann. Auch habe ich zu verschiedenen Malen beobachtet, daß sich bei *Atypus* das Stigma nicht ganz schloß, sondern die laterale Ecke lange offen blieb, und bei der erwähnten Sparasside sah ich einmal deutlich, daß kein fester Verschluß vorhanden war, sondern mindestens 7 Minuten lang ein offener Spalt zwischen Unter- und Hinterwand des Vorhofes bestand. Dasselbe Verhalten zeigte eine im Netz hängende *Zilla litterata*, nachdem sie ein Stück gelaufen war, 12 Minuten lang. Ich möchte nun annehmen, daß bei allen Spinnen immer der Vorhof mit der Außenwelt mindestens durch einen winzigen Spalt in Verbindung steht. Zur Begründung habe ich folgendes anzuführen: Wenn man die Stigmen einer Spinne durch Vaseline, Butter oder Wasser verschließt, so treten nach 1 bis höchstens 4 Minuten schwere Lähmungserscheinungen auf [2]. Daraus folgt, daß für gewöhnlich bei den

[1] Nach der Arbeit von BUISSON gilt für Skorpione dasselbe.

[2] Bei einer im Netz hängenden *Zilla litterata*, die innerhalb 5 Minuten nicht die geringste Stigmenbewegung erkennen ließ, erfolgte, als ich die Stigmen mit Butter verschloß, bereits nach einer Minute vollständige Lähmung. Diese wird nur

meisten Spinnen mindestens in jeder Minute einmal der Luft Zutritt zum Vorhofe gewährt werden muß. Da man nun innerhalb dieser Zeit keinerlei Stigmenöffnung bemerken kann, muß die Luft, ohne einen besonderen Öffnungsvorgang zu erfordern, Zutritt zum Vorhof haben.

Das Öffnen der Stigmen wird durch den Stigmenöffner besorgt (Abb. 27, 28 S. 492, Abb. 50, 51 S. 524). Der Verschluß erfolgt durch die Elastizität des Chitins, wie sich zeigt, wenn man bei einem Kalilaugepräparat von *Aranea* das Stigma öffnet, indem man mit einer Nadel seinen Hinterrand zurückzieht. Es schließt sich dann von selbst wieder, sobald man die Nadel hebt. Buisson berichtet für Skorpione dasselbe.

Die Bewegung der Luft in den Fächertracheen.

Die Ursache der Bewegung der Luft in den Fächertracheen stellt ein sehr schwieriges Problem dar. Zuerst hat sich Plateau planmäßig damit befaßt. Er kam zu dem Ergebnis, daß bei den Araneen weder ein Öffnen des Stigmas, noch Atembewegungen zu erkennen seien. Danach bearbeitete Willem 1917 das gleiche Thema und fand, daß eine Ventilation in den inneren Räumen der Fächertracheen vorhanden sei. Ihr Zustandekommen soll von der im Rhythmus des Herzschlages durchströmenden Hämolymphe abhängig sein. Ohne diese Ansicht zu kennen, schrieb 1922 Weisz über die Atmung der Lungen. Er will einen Luftstrom an den Stigmenöffnungen durch die Bewegungen eines Wollhaares erkennbar gemacht haben. Die Strömung selbst soll nach ihm durch die Muskeln des vorderen Hinterleibsabschnittes verursacht werden. Zuletzt endlich fand Hazelhoff, daß die Luftströmung in den Spinnenlungen im wesentlichen durch Diffusion erfolgt. Da ich keine Möglichkeit hatte, den Partiardruck des Sauerstoffes in den Lungentaschen direkt zu messen, kann ich nicht eine endgültige Lösung dieser Widersprüche bringen, sondern nur auf indirektem Wege einige Resultate erhalten. Zunächst möchte ich das in Frage stehende Problem teilen. Wir müssen unterscheiden zwischen den Bedingungen, die im Atemvorhof herrschen und denen, die sich in den Sacculi finden.

1. Die Luftströmung im Vorhofe.

Ich habe eine größere Anzahl Versuche mit *Zilla atrica* C. L. Koch und *Zilla litterata* Oliv. angestellt. Diese beiden Kreuzspinnen, von denen letztere an unseren Gebäuden im Herbst häufig vorkommt, be-

---

durch den Verschluß des Stigmas verursacht, denn die Butter dringt nicht in die Sacculi ein. Um dies nachzuweisen, mischte ich Butter mit etwas Eosin und bestrich damit die Stigmen einer *Zilla*. Danach fettete ich die Lungendeckel mit reiner Butter ein und konnte nun durch sie hindurch klar erkennen, daß die rote Masse innerhalb 10 Minuten weder in die Sacculi noch in das Horn eindrang. Wie weit sie in den offenen Teil des Vorhofes gelangt, war nicht zu sehen, da diese Gegend außen von der roten Masse überdeckt wurde, die das Stigma verklebte.

sitzen Lungendeckel, die unter Wasser durchsichtig werden. Da für das dicht dahinter liegende Integument dasselbe gilt, kann man Vorhof und Atemtaschen an untergetauchten Exemplaren sehr schön durch die Körperwand hindurch am lebenden Tiere beobachten. Wenn eine solche Spinne ihr Stigma öffnet, so erkennt man deutlich, daß sich der Vorhof viel weiter nach hinten erweitert als das Stigma (Abb. 55, vgl. auch Abb. 4, S. 469). Dadurch wird der Druck der im Vorhofe enthaltenen Luftmenge erheblich herabgesetzt. Die Verdünnung der Luft wird noch verstärkt durch die Tatsache, daß sich auch das Anfangsgebiet des „Hornes" erweitert. Das so bewirkte Sinken des Druckes muß nun den Zustrom von Luft zur Folge haben, die durch das geöffnete Stigma eintritt. Es gelang mir einmal zu beobachten, wie eine in Wasser getauchte *Zilla atrica* eine neben dem Stigma liegende Luftblase förmlich aufschnappte. Da-

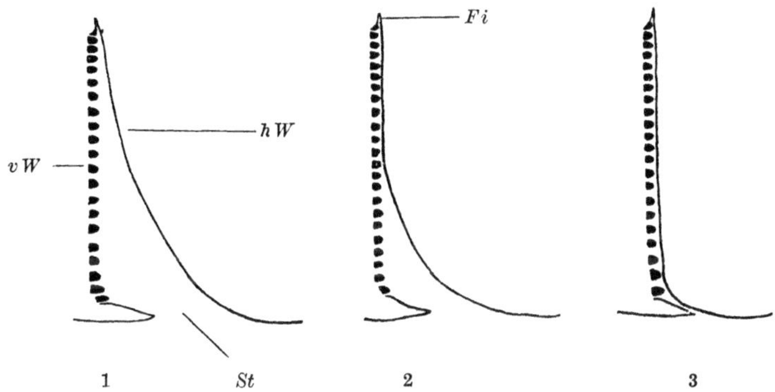

Abb. 56. *Atypus piceus* SULZER. Schema des Vorhofquerschnittes beim Schließen des Stigmas. *Fi* = First; *hW* = Hinterwand; *St* = Stigma; *vW* = Vorderwand des Vorhofes. 1 Stigma geöffnet, 3 Stigma geschlossen.

gegen scheint nie Wasser in den Vorhof der untergetauchten Spinnen einzudringen. Der Grund dazu liegt wohl darin, daß die Oberflächenspannung des Wassers nicht von dem schwachen Saugstrom überwunden werden kann. Dahingegen berichtet BUISSON, daß er auf die Stigmen von *Buthus occitanus* Wassertropfen gelegt hat, und daß diese im Rhythmus der Bewegung der Vorhofhinterwand zum Teil ein wenig ins Stigma eingesogen und wieder ausgestoßen worden sind. Aus alledem ergibt sich, daß bei einer Öffnung des Stigmas durch die damit verbundene Vorhoferweiterung eine Ventilation des Vorhofes erfolgt.

Doch ich sah noch andere Vorgänge, die auf eine Ventilation im Vorhofe hindeuten. So beobachtete ich, wie vorher schon WILLEM, daß bei *Pholcus* die Vorhofhinterwand bei weit geöffnetem Stigma sehr schnelle vibrierende Bewegungen ausführte, die länger als eine halbe Minute andauerten. Bei *Atypus* sah ich ebenfalls die Vorhofhinterwand in sehr schnellen zitternden Bewegungen, während sie sich langsam nach vorn wölbte, um das Stigma zu schließen. Der Schluß des Stigmas erfolgte bei dieser Art, indem sich zunächst der dem Vorhoffirst benachbarte Teil der Vorhofhinterwand an die Vorderwand des Vorhofes anlegte. Danach schmiegte sich ihr mittlerer Abschnitt an die Vorhoffenster und zuletzt auch der untere, der damit gleichzeitig das Stigma schloß. Die geschilderten vibrierenden Bewegungen der Hinterwand spielen sicherlich eine Rolle bei der Lufterneuerung im Vorhofe, denn sie müssen notwendigerweise eine Bewegung der Luft hervorrufen.

Wir müssen uns nun aber darüber klar werden, daß die geschilderte Ventilation des Vorhofes keineswegs beim ungestörten Tier vorhanden ist, sondern nur bei solchen, die heftig gejagt oder durch Fesselung, Untertauchen in Wasser und andere Störungen aus dem Gleichgewicht gebracht worden sind. Für gewöhnlich wird das Stigma während mehrerer Minuten hindurch nicht bewegt. Es kann also auch in dieser Zeit kaum eine Ventilation des Vorhofes erfolgen (sicher konnte ich dies leider nicht feststellen, da das Integument der mir zur Beobachtung verfügbaren Arten nicht ohne weiteres durchsichtig war). Allerhöchstwahrscheinlich erfolgt während dieser Zeit der Gasaustausch durch Diffusion. Die im Vorhofe vorhandene Luft hat eine niedrigere Sauerstoff- und eine höhere Kohlensäurespannung als die Atmosphäre, und dadurch wird ein Diffusionsstrom entstehen, der Sauerstoff eintreten und Kohlensäure austreten läßt. Dabei können selbstverständlich Bewegungen der Organe des Hinterleibes indirekt durch Pressen das Volumen des Vorhofes verändern, so daß er Luft ansaugt. Nachweisen konnte ich diese Tatsache jedoch nicht.

2. Die Luftströmung in den Sacculi.

Wie schon angedeutet wurde, nimmt Weisz an, daß die in der Umgebung der Lungen verlaufenden Muskeln größten Einfluß auf das Ein- und Ausströmen der Atemluft haben. Ich habe bereits S. 497 ff. den Beweis erbracht, daß diese Ansicht bestimmt irrig ist, und die Lungen in ihrer Arbeit nur von dem Stigmenöffner abhängig sind. Dies geht daraus hervor, daß die meisten der von Weisz für wichtig erkannten Muskeln in der Umgebung des 2. Paares der Fächertracheen bei den Vogelspinnen fehlen.

Willem behauptet nun, daß das in Pulsstößen durch die Fächertracheen strömende Blut die Atemtaschen derselben rhythmisch zusammenpresse und erweitere. Auf diese Weise soll die verbrauchte Luft aus diesen ausgetrieben und neue sauerstoffreichere angesaugt werden. Hazelhoff schließlich bestreitet, daß diese Expirationsbewegungen eine gründliche Ventilation herbeiführen können und schreibt die Bewegung der Luft in den Sacculi der Diffusion zu.

Ich habe die Wirkung des Pulsstoßes auf die Fächertracheen mit aller Klarheit bei *Pholcus phalangioides* und einem jungen *Theridium* beobachten können. Die ganze Lunge dieser Tiere wurde auf und ab bewegt. Bei der erstgenannten Art, die auch WILLEM untersucht hat, sah ich sie 2—2 ¹/₂mal in der Sekunde als Ganzes auf- und abschwanken. Im Gegensatz dazu konnte ich an Exemplaren von *Zilla atrica* und *Zilla litterata* niemals die geringste Bewegung der Fächertracheen sehen, obgleich ich die Organe mit großer Deutlichkeit durch den angefeuchteten Lungendeckel hindurch erkennen konnte. Wahrscheinlich sind die Atemtaschen hier in stärkerem Maße als bei *Theridium* an ihrer Umgebung angeheftet. Auf jeden Fall folgt aus diesen Beobachtungen, daß die Schwankungen der Fächertracheen als Ganzes nicht bei allen Spinnen vorhanden sind und deshalb keine wesentliche Rolle bei der Atmung spielen können.

Während ich den Einfluß des Pulsstoßes auf die Lungen als Ganzes bei *Pholcus* beobachten konnte, war es mir nicht möglich, die Erweiterung und Verengerung der Atemtaschen, die WILLEM beschreibt, mit Sicherheit zu konstatieren, obgleich ich nicht mit ganz schwachen Vergrößerungen arbeitete (LEITZ Obj. 5, Okul. 0; Obj. 3, Okul. 3). Auch bei den beiden *Zilla*-Arten sah ich nie mit Gewißheit eine Veränderung in der Höhe der Atemtaschen eintreten. (ZEISS Obj. A. A., Okul. 2 und 4; Obj. C, Okul. 2 und 4). Da sie jedoch von WILLEM und auch von JORDAN beobachtet worden sind, muß ich annehmen, daß sie so gering sind, daß sie manchmal — (oder bei manchen Arten immer) — an den lateralen Teilen der Atemtaschen, die man allein von außen beobachten kann, trotz ernsthafter Bemühung nicht zu sehen sind. Wie mir Herr Prof. JORDAN liebenswürdigerweise brieflich mitteilte, berechnet WILLEM die Ventilationsgröße auf den 25. Teil der ganzen Fächertrachee. Das würde also bedeuten, daß sich jeder Sacculus um den 25. Teil seiner Höhe erweitern würde. Es ist dies ein außerordentlich geringer Prozentsatz. Auch JORDAN schrieb mir, daß er die Bewegungen zwar deutlich gesehen hat, jedoch kaum glaubt, daß sie bedeutend sind.

Ich möchte dazu folgendermaßen Stellung nehmen. Eine Erweiterung und Verengerung der Atemtaschen liegt durchaus im Bereiche der Möglichkeit, wie sich aus unserer anatomischen Darstellung ergibt. Die Höhe einer mittleren Atemtasche von *Aranea* beträgt im ersten Drittel ihrer Länge etwa 4—6 μ, im letzten Drittel dagegen nur noch 1,6 μ. (Gemessen an Taschen, bei denen die Stifte die obere Wand berührten.) Die zwischen solchen Taschen liegenden Bluträume sind in dem vorderen Drittel des Sacculus etwa 10—12 μ hoch, hinten aber viel enger, oft 6 μ etwa. Die Atemtaschen könnten sich also auf doppelte Höhe erweitern, ohne daß die zwischen ihnen liegenden Blutbahnen verschlossen würden. Dies scheint auch für *Pholcus* zuzutreffen, wenn er auch wenigstens nach meinen Präparaten in bezug auf die erwähnten Tatsachen nicht ganz so günstig gestellt ist. Wenn wir nun annehmen, daß die Erweiterung der Taschen tatsächlich aufs Doppelte ihrer bisherigen Höhe erfolgen würde, so würde die dabei erzeugte Saugwirkung noch immer durchaus nicht genügen, die Tasche mit frischer Luft zu füllen. Ich möchte zwei Gründe dafür anführen:

1. Mindestens die Hälfte der Luft, die die Atemtaschen bei größter Ausdehnung enthalten, kann nie ausgepreßt werden, sondern muß als Residualluft zurückbleiben, da die Stiftchen, ein völliges Zusammenpressen des Sacculus verhindern [1].

2. Da die Ventilationsbewegungen im Rhythmus des Pulsstromes erfolgen, kann nie ein einheitlicher Luftstrom bis ans Ende der Atemtaschen gesogen werden. Die Pulsationen erfolgen nämlich nach Willem in Abständen von 0,46 Sekunden. In dieser Zeit können sich wohl kaum Atemtaschen von etwa 1 mm Länge (*Aranea diadema* zugrundegelegt) in ihrer ganzen Ausdehnung einheitlich erweitern. Deshalb wird die in ihnen enthaltene Luft wahrscheinlich nur durch lokale Pressungen und Erweiterungen hin- und hergeschoben. Dadurch entsteht aber kein einheitlicher Ventilationsstrom, der den ganzen Sacculus bis ans Ende durchläuft. So können nur die vordersten Teile der Atemtaschen auf diese Weise sauerstoffreichere Luft aus dem Vorhof erhalten.

Ich habe im vorliegenden die Bedingungen für die Ventilation noch bedeutend günstiger angesetzt als Willem der die Ventilationsgröße nicht auf die Gesamtdicke der vorhandenen Atemtaschen, sondern nur auf den 25. Teil schätzt. Wenn seine Schätzung also zu Recht besteht, so würden die Dinge noch viel ungünstiger liegen, indem 24/25 der in den Atemtaschen bei größter Einatmung vorhandenen Luft Residualluft wären. Wie dem auch sei, ein in der Schnelligkeit des Pulsstromes eintretendes Erweitern und Verengern der Atemtasche kann höchstens den Anfangsteil des Sacculus mit angesaugter Luft füllen, und noch in diesem bleibt eine beträchtliche Menge Residualluft zurück. Wir müssen also annehmen, daß die vordersten Abschnitte der Atemtaschen (also die weit vom Vorhof entfernten Teile) durch eine andere Kraft einen Zustrom von Sauerstoff erhalten, die sich auch in den Anfangsteilen durch die Durchdringung der sauerstoffarmen Residualluft mit Sauerstoff auswirken muß. Dies ist die Diffusion, der schon Hazelhoff auf Grund seiner Beobachtungen der Atemregulierung die wichtigste Rolle bei der Lufterneuerung eingeräumt hat. (Er gibt an, die Ventilation der Sacculi nicht erkennen zu können. Jedoch scheint er die anatomischen Bauver-

[1] Auf mehr als das Doppelte werden sich die Sacculi in der kurzen Zeit zwischen zwei Pulsstößen (0,46 Sekunden) kaum ausdehnen können. Eher ist das Maß zu hoch gegriffen. Außerdem ist zu bedenken, daß bei manchen Skorpionen in einer Region der Sacculi die Stifte fest mit der Decke verwachsen sind, so daß die Atemtasche sich in dieser Gegend überhaupt nicht erweitern kann.

hältnisse der Lungen nicht zu kennen, denn er hat, wie aus dem Referat JORDANS hervorgeht, leider die Pfeiler der vorderen Vorhofswand beobachtet, die natürlich keine Dickenschwankungen zeigen.)

Zusammenfassend läßt sich über die Strömung der Luft in den Fächertracheen nun folgendes sagen:

Die Bewegung der Luft im Vorhofe und in den Atemtaschen erfolgt für gewöhnlich in der Hauptsache durch Diffusion [1]. Im Vorhofe kann sich unter bestimmten Umständen eine starke Ventilation bemerkbar machen. Für die Atemtaschen aber läßt sich eine starke Ventilation, die zur Lufterneuerung aller Abschnitte genügt, nicht nachweisen. Indes ist es möglich, daß ihr eine bescheidene Rolle dabei zufällt. Wenigstens läßt sich nicht das Gegenteil beweisen. (Außer dem Blutdruck könnten Bewegungen der umgebenden Organe und Erhöhung des Druckes im Hinterleib die Atemtaschen so beeinflussen, daß ein Hin- und Herschieben des Luftinhaltes die Folge wäre. Ein einheitlich gerichteter Strom entstände aber dadurch nicht.)

Übrigens weist BÖRNER darauf hin, daß wahrscheinlich die Chitinbestachelung der Intima nicht ohne Einfluß auf den Atmungsprozeß ist. Auch ENDERLEIN nimmt an, daß sie dazu diene, Gase auf ihrer Oberfläche zu verdichten. Ich habe leider daraufhin keine Versuche angestellt, jedoch hat sich DEMOLL in einer sehr interessanten Arbeit neuerdings damit beschäftigt und gefunden, daß schon Röhren von 150—200 μ Weite mit innen angerauhter Wandung Sauerstoff adsorbieren. Demnach würden die Bestachelung der Wände der Fächertracheen und die besonders starke Entwicklung der Intima der Röhrentracheen von *Segestria* in Zusammenhang mit der Adsorption des Sauerstoffes zu bringen sein.

Die Bewegung des Blutes in den Bahnen, die in Beziehung zu den Fächertracheen stehen.

Die Richtung des Blutstromes, der zu den Fächertracheen führt, ist im anatomischen Teil bereits geschildert worden (vgl. S. 487 ff.). Sie ist schon durch die Arbeiten von CLAPARÈDE und CAUSARD, wie auch durch die schöne Arbeit von WILLEM bekannt geworden. Ich habe die Strömung in den zuführenden Sinus innerhalb des Stieles wie auch in den abführenden Sinus zwischen Lunge und Körperwand gut verfolgen können (vgl. S. 486). Die Mündung der Lungenvene ins Herz kann man bei *Pholcus* gut am lebenden Tiere beobachten, was auch bereits durch WILLEM vorzüglich dargestellt worden ist.

---

[1] Dies ist um so einleuchtender, als bei den Kapillaren der Büscheltracheen und umherschweifenden Tracheen überhaupt nur die Diffusion für die Gasbewegung in Betracht kommt. Wenigstens fand ich an den Tracheen von *Segestria* nur Stigmenöffner, aber keine anderen Muskeln. Auch DEMOLL nimmt an, daß in sehr feinen Tracheenröhrchen die Bewegung der Luft nicht durch Druck erfolgt.

Der Sauerstoffbedarf der Spinnen.

Die Tatsache, daß die Stigmen ruhender Spinnen dauernd geschlossen erscheinen, und daß sich Spinnen länger als eine Woche ohne Luftwechsel in verschlossenen Gefäßen halten, verführt dazu, anzunehmen, daß die im Vorhof vorhandene Luft für lange Zeit der Atmung genügt, und daß der Sauerstoffverbrauch überhaupt sehr gering ist. Beides ist nicht in dem Maße der Fall. Schon Weisz hat gezeigt, daß Spinnen, deren Stigmen mit unschädlichem Kleister verschlossen wurden, nach einer Minute bereits gelähmt waren und sich nach Entfernen der Verschlußmasse nicht wieder erholten. Im folgenden veröffentliche ich eine Anzahl Versuche, die zeigen sollen, daß die letztere Beobachtung auf Wahrheit beruht. Ich schließe daraus, daß der im Vorhof und den Sacculi vorhandene Sauerstoffvorrat kaum zwei Minuten zur Bestreitung des Stoffwechsels ausreicht, und daß das Atembedürfnis der Spinnen nicht ganz gering ist. Gleichzeitig lassen diese Versuche mit Sicherheit erkennen, daß bei den Spinnen, deren Atmungssystem nach dem *Aranea*-Typ eingerichtet ist (2 Paar kleine unverzweigte Röhrentracheen, 1 Paar große Fächertracheen), die Fächertracheen bei weitem das wichtigste und leistungsfähigste Atemorgan darstellen. Die Hautatmung scheint keine wesentliche Rolle zu spielen.

Ich lasse zunächst einige Versuche folgen, bei denen die Stigmen der Fächertracheen mit Vaseline sehr stark verschmiert worden sind. Da die Tiere hierbei sehr bald bewegungslos und ganz schlaff wurden, hielt ich sie zunächst für tot. Sie sind es indes nicht. Man kann dies deutlich daran erkennen, daß noch eine pulsierende Blutbewegung vorhanden ist. Ich habe nun, um den Zustand des Tieres zu kennzeichnen, die Pulsschläge des Herzens gezählt und zwar an Hand der Blutströmung im Stiel oder in den Beinen. Die Methode ist nicht ganz einwandfrei, da in Schwächezuständen ab und zu ein besonders schwacher Pulsstoß eintritt, der dann an den in peripheren Bahnen strömenden Blutkörpern nicht mit Sicherheit erkannt wird. Indes spielen derartige kleine Unsicherheiten für unsere Betrachtung keine Rolle.

1. *Trochosa* spec. Mit Äther ein wenig betäubt, dann Lungenstigmen verschmiert.

Nach $3^1/_2$ Minuten läuft sie noch streckenweise, wenn sie gereizt wird. 80 Pulsschläge in 1 Minute.
„ 13 „ völlig bewegungslos, 66 Pulsschläge in 1 Minute;.
„ 16 „ 96 Pulsschläge in 1 Minute. Tracheen verschlossen.
„ 25 „ noch 54 Pulsschläge in 1 Minute.
„ 2 Stunden 20 Minuten noch 54 Pulsschläge in 1 Minute.
„ 7 „ 30 „ kaum spürbare schwache Blutbewegung.

2. *Tegenaria derhami* Scop. noch nicht erwachsen, leicht mit Äther narkotisiert. Dann Lungenstigmen mit Vaseline verschmiert.

Nach	3 Minuten		noch schwache Beinbewegungen.
,,	2 Stunden		in Tibia noch lebhafter Puls.
,,	$2^{1}/_{2}$	,,	langsamer Puls.
,,	5	,,	sehr langsamer Puls.
,,	$5^{1}/_{2}$	,,	Puls nicht sichtbar. Bein angeschnitten. Es blutet lebhaft, also lebt das Tier noch.
,,	$5^{3}/_{4}$	,,	Tier tot.

3. *Tegenaria ferruginea* PANZER (*domestica*) großes Weibchen. Lungenstigmen verklebt.

Nach	4	Minuten	läuft es bei Reizung noch lebhaft umher und beißt.				
,,	6	,,	krümmt es die Beine und wird schlaff und bewegungslos.				
,,	10	,,	43	Pulsschläge	in	1	Minute.
,,	16	,,	23	,,	,,	1	,,
,,	52	,,	20	,,	,,	1	,,
,,	65	,,	15	,,	,,	1	,,
,,	72	,,	14	,,	,,	1	,,
,,	100	,,	kein Pulsschlag mehr sichtbar.				
,,	104	,,	Bein angeschnitten, blutet noch, also war das Leben noch nicht ganz erloschen.				

4. *Tegenaria ferruginea* PANZER. Junges Tier. Lungenstigma verklebt.

Nach	2	Minuten	regungslos.				
,,	4	,,	36	Pulsschläge	in	1	Minute.
,,	10	,,	40	,,	,,	1	,, Da sich die Spinne auf Berührungsreize etwas bewegt, werden die Stigmen nochmals mit Vaseline überpinselt.
Nach	15	Minuten	40	Pulsschläge	in	1	Minute.
,,	20	,,	$25^{1}/_{2}$	,,	,,	1	,,
,,	25	,,	$21^{1}/_{2}$	,,	,,	1	,,
,,	35	,,	$21^{1}/_{2}$	,,	,,	1	,,
,,	50	,,	17	,,	,,	1	,,
,,	60	,,	$16^{2}/_{3}$	,,	,,	1	,,

,,	1	Stunde	10	Minuten	14	Pulsschläge	in	1	Minute.
,,	1	,,	25	,,	12,8	,,	,,	1	,,
,,	1	,,	45	,,	$13^{1}/_{3}$	,,	,,	1	,,
,,	2	Stunden			11,8	,,	,,	1	,,
,,	2	,,	10	,,	11	,,	,,	1	,,
,,	2	,,	40	,,	$8^{1}/_{3}$	,,	,,	1	,,
,,	2	,,	45	,,	7,2	,,	,,	1	,,
,,	3	,,	Puls sehr langsam und verschieden stark. Stöße manchmal in Pausen von meist 20 aufeinanderfolgenden Sekunden.						
,,	4	,,	30 Minuten kein Pulsstrom mehr sichtbar. Zerschnittenes Bein blutet ganz schwach. Tod wahrscheinlich kurz vorher eingetreten.						

5. *Philodromus* spec. Junges Tier. Lungen verklebt. Puls im Stiel gemessen.

Nach	1	Minute	10 Sekunden vollständig gelähmt.			
„	13	Minuten	35,5	Pulsschläge	in 1	Minute.
„	14	„	58	„	„ 1	„
„	20	„	45	„	„ 1	„
„	23	„	$56^1/_4$	„	„ 1	„
„	30	„	$56^1/_4$	„	„ 1	„
„	50	„	$42^4/_5$	„	„ 1	„
„	60	„	nicht mehr zählbar. Tier lebt bestimmt noch bis 2 Stunden 8 Minuten nach Beginn des Versuches.			

Die vorliegenden Beobachtungen zeigen deutlich, daß der Stoffwechsel der Tiere aufs schwerste geschädigt wird, wenn die Verbindung vom Atemvorhof zur Außenwelt unterbrochen wird. Im günstigsten Falle (3) vermag das Tier noch 5 Minuten lang seine Bewegungen auszuführen. Meist tritt aber schon nach 2 Minuten eine vollständige Erschlaffung ein [1]. Diese ist keineswegs gleichbedeutend mit dem Tod. Das Vorhandensein einer Blutströmung läßt deutlich erkennen, daß eine ganze Anzahl vegetativer Organe noch arbeiten. Die Funktion der Bewegungszentren und wahrscheinlich des Nervensystemes überhaupt ist dagegen stark herabgesetzt. Allmählich läßt dann auch die Tätigkeit des Herzens nach, und mit ihrem Erlöschen wird wohl das eintreten, was man im allgemeinen mit Tod bezeichnet. Wenigstens besitzen wir bisher kein anderes Kriterium dafür. Interessant ist, daß die narkotisierten Tiere sich gegenüber den nicht betäubten bedeutend günstiger stellten, wohl weil bei ihnen der Stoffwechsel von Anfang an beschränkt war und deshalb zunächst weniger Sauerstoff verbrauchte, bzw. Kohlensäure erzeugte.

Wir besitzen nun noch eine andere Möglichkeit nachzuweisen, daß die Fächertracheen dauernd Sauerstoff aus ihrer Umgebung aufnehmen, indem wir das Tier in einen Raum einschließen, der mit einem Manometer verbunden ist. Ich benutzte zu diesem Zwecke das Thunbergsche Mikrorespiratometer. Es besteht aus folgenden Teilen:

1. Zwei Flaschen, die als Behälter für die Versuchstiere dienen.

2. Ein Kapillarrohr, das beide verbindet. Es ist in eine Anzahl Grade geteilt. In ihm befindet sich ein Petroleumtropfen, der Unterschiede im Luftdruck beider Flaschen durch seine Wanderung anzeigt.

3. Über jeder Flasche befindet sich ein Dreiweghahn. Er gestattet folgende Verbindungen herzustellen:

a) Flasche mit Außenwelt.

b) Flasche mit Kapillare.

c) Kapillare mit Außenwelt.

d) Flasche mit Kapillare und Außenwelt.

---

[1] Daß diese wirklich auf die Absperrung des Sauerstoffes bzw. Anreicherung mit Kohlensäure und nicht auf Giftwirkung der Vaseline zurückzuführen ist, geht daraus hervor, daß Spinnen, deren Stigmen ich mit Butter verschmierte, oder die ich im Wasser untertauchte (nach Entfernung anheftender Luftblasen), dieselben Erscheinungen zeigten (vgl. auch Fußnote S. 543 f.).

Wir bringen das Versuchstier in eine der Flaschen. Darauf setzen wir den ganzen Apparat bis an den Hals der Flaschen in ein Wasserbecken und drehen den Dreiweghahn so, daß sowohl Flasche und Außenwelt, wie auch Kapillare mit Flasche und Außenwelt verbunden sind. Durch das Wasser wird die Luft in beiden Flaschen auf gleicher Temperatur gehalten. Es wird nun der Öltropfen die nach unten gebogene Mitte der Kapillare einnehmen, ein Zeichen dafür, daß in beiden Gefäßen gleicher Druck herrscht. Wir lassen den Apparat 10 Minuten in diesem Zustande stehen. Danach haben sich alle Unterschiede zwischen beiden Flaschen ausgeglichen. Nun drehen wir die beiden Hähne so, daß beide Behälter nur noch mit der Kapillare verbunden sind. Der Luftdruck desjenigen, in dem sich die Spinne befindet, verändert sich. Sinkt er, so wandert der Tropfen in der Kapillare nach seiner Seite, steigt er, so bewegt er sich in umgekehrter Richtung. Wir erhalten so bei unserer Versuchsanordnung Kenntnis davon, ob der respiratorische Quotient positiv oder negativ ist. (Dies wechselt bei einer großen *Tegenaria* mehrmals in einer Stunde.) Da wir aber den Sauerstoffverbrauch konstatieren wollen, müssen wir eine andere Versuchsanordnung benutzen. Zu diesem Zweck bringen wir in jedes der Gefäße die gleiche Menge Natronkalk. Dieser absorbiert die von dem Tiere ausgeschiedene Kohlensäuremenge, und nun wird der Verbrauch des Sauerstoffes sich klar am Manometer zeigen. (Bei allen Versuchen wurde der Apparat, nachdem genau gleiche Mengen Natronkalk in beide Flaschen gebracht worden waren, erst $^1/_2$ Stunde ohne Tier beobachtet. Stets wurde zwischen den Versuchen mit unverklebten und verklebten Stigmen der Apparat ins Gleichgewicht gebracht.)

1. *Tegenaria derhami* Scop.

   Tier 35 Minuten im Apparat belassen. Das Manometer gibt eine Luftverdünnung von 6 Graden für das Tiergefäß an. In je 5 Minuten sank der Druck um etwa 1 Grad. Nun wurden demselben Tier die Lungenstigmen dick mit Vaseline verklebt, und es wurde in den Apparat zurückgebracht. Innerhalb 40 Minuten änderte sich jetzt die Spannung im Tiergefäß nicht, obgleich die Tracheenstigmen nicht verschlossen waren.

2. *Tegenaria derhami* Scop. Kleines Tier.

   Das unverletzte Tier verdünnt die Luft im Tiergefäß in 70 Minuten auf 8 Teilstriche. Danach werden ihm die Lungenstigmen verklebt. Innerhalb von 3 Stunden 40 Minuten ändert sich nun die Spannung im Tiergefäß nicht erkennbar.

3. *Tegenaria derhami* Scop. Großes ♀.

   In 70 Minuten sinkt der Druck im Tiergefäß um 22 Teilstriche. Als dem Tier die Lungen verklebt worden sind, ändert er sich in der gleichen Zeit um nur $1^1/_2$ Grad, die auf Rechnung der noch arbeitenden Tracheen zu setzen sind.

4. *Tegenaria derhami* Scop. Mittelgroßes Tier.
Das Tier erniedrigt durch seine Atmung den Druck im Tiergefäß innerhalb einer Stunde um 10 Grade. Es wird dann aus seinem Gefängnis befreit und erst nach einiger Zeit wieder eingesetzt. Jetzt sinkt der Druck im Tiergefäß in einer Stunde um 8 Grad. Nun werden dem Tier die Lungenstigmen verklebt. Binnen einer Stunde erniedrigt sich jetzt die Spannung im Tiergefäß um $^1/_2$ Grad.

Die Versuche zeigen, daß die Lungen ständig Sauerstoff aus ihrer Umgebung entnehmen. Sie beweisen ferner die überragende Bedeutung der Lungen für Tiere mit wenig entwickelten Röhrentracheen und die geringe Bedeutung der eventuell vorhandenen Hautatmung. Von der Gewinnung absoluter Zahlen des Sauerstoffverbrauches, die ich hätte errechnen können, habe ich abgesehen, da sie für meine Problemstellung keine Rolle spielen, und der Apparat dazu wenig geeignet erscheint.

Das funktionelle Verhältnis von Fächerlunge und Trachee.

Die S. 550 ff. mitgeteilten Versuche an Spinnen, denen die Lungenstigmen verklebt worden sind, zeigen deutlich, daß den Tracheen dieser Arten eine sehr geringe Bedeutung für den Atemprozeß zukommt. Diese Anschauung gilt natürlich nur für Spinnen, deren Tracheen nach dem *Aranea*-Typ gebaut sind. Sie wird gestützt durch die Tatsache, daß Araneen, denen man die Gegend der Tracheenstigmen völlig mit Vaseline verschmiert, selbst nach mehreren Tagen noch nicht die geringste Schädigung zeigen. So verschloß ich einer jungen *Tegenaria derhami* Scop. die Tracheen mit Vaseline und wiederholte alle 2 Tage die Bepinselung mit Vaseline, ohne innerhalb von 4 Tagen irgendeine Schwächung des Tieres feststellen zu können.

Selbstverständlich verhält sich *Segestria* ganz anders. Ein Weibchen dieses Tieres wurde in das Thunbergsche Respiratometer gesetzt. Durch seine Atmung wurde die Sauerstoffspannung im Tiergefäß in 1 Stunde 55 Minuten um vier Teilstriche der Skala herabgesetzt. Dann wurden am Nachmittage demselben Exemplar die Lungenstigmen verklebt. Das Tier erniedrigte nun den Druck im Tiergefäße in 1 Stunde 45 Minuten um den gleichen Betrag, ein Beweis dafür, daß die ausgefallene Lungenarbeit sich in so kurzer Zeit gar nicht nachweisen läßt.

Die Beziehungen zwischen Lebensweise und Ausrüstung mit Atemorganen.

Lamy hat seinerzeit keine Beziehung zwischen der Ausrüstung mit mehr oder weniger verzweigten Tracheen und der Lebensweise der Spinnen gefunden. Ich muß gestehen, daß auch mir dies unmöglich ist.

Im Gegensatz dazu hat Versluys behauptet, die lebhaften Spinnen besäßen in der Hauptsache Tracheen, die seßhaften Arten dagegen Fächertracheen. In dieser Behauptung liegt zunächst eine Wertung der beiden Atemorgane verborgen, die sich schwer stützen läßt. Es ist sehr die Frage, ob die Fächertracheen an Leistung hinter den Röhrentracheen zurückstehen. Dann aber stimmen auch die Tatsachen nicht zu der von Versluys geäußerten Ansicht. So besitzen die Wolfsspinnen, die gewiß lebhafte Tiere sind, genau wie die Kreuzspinnen ein Paar Fächertracheen und zwei Paar unverzweigte Röhrentracheen. Die Dysderiden dagegen, die viel weniger rasch und viel seltener umherlaufen wie die Wolfsspinnen, besitzen ein hochentwickeltes umherschweifendes Tracheensystem. Nahe verwandte Arten mit recht ähnlicher Lebensweise wie *Tegenaria* und *Cryphoeca* unterscheiden sich dadurch, daß eine ein umherschweifendes System besitzt, während die andere einfache, unverzweigte Tracheenröhren aufweist usw. Während so die Lebensweise keinen Schluß auf die Ausstattung mit Atemorgantypen erlaubt, scheint mir die Größe der Tiere eine Rolle zu spielen. Sehr große Arten haben anscheinend zumeist nicht umherschweifende Atemorgane, sondern lokalisierte (z. B. Aviculariidae, Nephila, Sparassidae). Indes kennen wir das Atemsystem nur von wenigen großen Formen, so daß ich keinerlei sichere Unterlagen habe.

Zusammenfassung.

Anatomie.

1. Die Fächertracheen stellen Atemorgane dar, die durch Einstülpung entstanden sind.

2. Eine Fächertrachee besteht aus dem Vorhofe und den von dessen Vorderwand aus in das Innere des Leibes eingestülpten Atemtaschen (Sacculi).

3. Obgleich eine ziemliche Anzahl von Familien von verschiedenen Zoologen untersucht worden ist, ließen sich niemals prinzipielle Abweichungen der vorhandenen Fächertracheen konstatieren. Eine Ausnahme machen die Caponiidae und einige Leptonetiden, bei denen an Stelle der flachen Atemtaschen runde Röhren vorhanden sind.

4. Wir müssen bei den Arachniden zwischen lokalisierten und umherschweifenden Atemorganen unterscheiden, wobei die ersteren, zu denen auch die Fächertracheen gehören, primitiver sind.

5. Die vergleichende Betrachtung der Atemorgane der Araneen zeigt, daß zwei Hauptentwicklungsrichtungen vorhanden sind: Die eine führt zu einer rein lokalisierten Atmung, die andere dagegen zu einer überwiegenden Ausbildung der umherschweifenden Atemorgane.

6. Das 1. Paar der Atemorgane wird bei den Spinnen nie völlig reduziert und nur in einem Falle in eine umherschweifende Trachee verwandelt.

7. Die Kiemen von *Limulus* sind zwar den Fächertracheen homolog, doch stellen sie ein Organ dar, das sich aus ausgestülpten Lamellen zusammensetzt, während die Fächertracheen im Gegensatz dazu aus einer großen Anzahl eingestülpter, flacher Taschen bestehen. Bei *Limulus* stellen also die Bluträume geformte Elemente dar, zwischen denen sich das Atemmedium (Wasser) ausbreitet. Bei den Fächertracheen dagegen stellen die das Atemmedium enthaltenen Lufttaschen die formbildenden Bestandteile dar, während das Blut nur die zwischen ihnen liegenden Zwischenräume einnimmt, die keinerlei eigene Gestalt besitzen, sondern sozusagen durch die Atemtaschen aus einem großen Blutraum herausgestanzt worden sind.

Physiologie.

1. Beim ruhenden Tier ist während einiger Minuten andauernder Beobachtung kein Öffnen der Stigmen zu bemerken. Da nun die Spinnen, wenn man ihre Stigmen durch Vaseline oder Butter fest verschließt, sogleich (nach 1—4 Minuten) heftige Lähmungen erleiden, muß für gewöhnlich die Lunge durch das Stigma mindestens durch einen feinen Spalt mit der Außenwelt kommunizieren.

2. Gereizte Tiere öffnen die Stigmen, indem die Vorhofhinterwand durch den Stigmenöffner zurückgezogen wird. Beim Schließen der Stigmen legt sich die Vorhofhinterwand unter die vorspringende Vorderkante des Schlitzes.

3. Für gewöhnlich scheint das Einströmen von Sauerstoff in den Vorhof durch Diffusion zu erfolgen. Bei gereizten Tieren tritt dieser eine starke Ventilation zur Seite, indem durch das weite Öffnen des Vorhofes Luft angesaugt wird.

4. Die Strömung der Luft in den Sacculi erfolgt in der Hauptsache durch Diffusion.

5. Die in der Umgebung der Lungen verlaufenden Muskeln haben mit Ausnahme des Stigmenöffners höchstens ab und zu einen ganz zufälligen Einfluß auf die Atmung.

6. Der Sauerstoffbedarf der Spinnen ist nicht sehr gering. Schon 1—4 Minuten nach Verschluß der Stigmen machen sich schwere Lähmungserscheinungen bemerkbar, die nach einigen Stunden zum Tode des Tieres führen.

7. Bei den Spinnen, die unverzweigte Tracheen haben wie *Aranea* und *Tegenaria*, spielen die Tracheen keine wesentliche Rolle bei der Atmung.

Literatur.

Es sind alle anatomischen und physiologischen Arbeiten über die Lungen der Spinnen von 1852 an erwähnt. Dagegen konnte ich nicht sämtliche Schriften ontogenetischen und vergleichend-anatomischen Inhalts nennen. Für diese sowie die Literatur über das *Limulus*-Problem verweise ich auf die Arbeiten von VERSLUYS und DEMOLL und KASSIANOW.

Berteaux: Le Poumon des Arachnides. La Cellule **5** (1889). — **Bertkau:** Über die Respirationsorgane der Araneen. Arch. Naturgesch. Jg. **38** (1872). — **Blanchard:** De l'appareil circulatoire et des organes de la respiration dans les arachnides. Ann. Sci. nat. Zool. (3), **12** (1849). — L'organisation du règne animal, Classe des Arachnides. Paris. (1851—59). — **Börner:** Beiträge zur Morphologie der Arthropoden. I. Ein Beitrag zur Kenntnis der Pedipalpen. Zoologica **17,** H. 42 (1904). — **Buisson:** Rech. sur la circulation sanguine et la ventilation pulmonaire chez les Scorpions. Acad. roy. Belg. Bull. de la Classe d.Sci. Sér. 5, **11** (1925). — **Causard:** Rech. sur l'appareil circulatoire des Aranéides. Bull. Sci. France et Belg. **29** (1896). — **Claparède:** Etudes sur la circulation du sang chez l. Araignées du genre Lycose. Genève 1863. Auch in Ann. Sci. nat (5) **2** (1864). — **Demoll** u. **Versluys:** Das *Limulus*-Problem. Erg. u. Fortschr. Zool. **5** (1922). — **Demoll:** Untersuchung über die Atmung der Insekten. 1. Mitt. Z. Biol. **86** (1927). — **Enderlein:** Die Respirationsorgane der Gastriden. Inaug.-Diss. Leipzig (1899). — **Fage:** Etud. sur l. araignées cavernicoles. II. Revision des Leptonetidae. Arch. Zool. exper. (5) **10** (1912—13). — Sur quelques araignées apneumones. C. r. Acad. Sci. Paris **172,** I., 620 (1921). — **Haller, B.:** Über die Atmungsorgane der Arachnoiden. Ein Beitrag zur Stammesgeschichte dieser Tiere. Arch. mikrosk. Anat. **79,** Abt. 1 (1912). — Das zweite Fächertracheenpaar der mygalomorphen Spinnen. Ebenda **84,** Abt. 1 (1914). — **Hansen** a. **Soerensen:** The Tartarides, a tribe of the order Pedipalpi. Ark. Zool. **2,** Nr 8 (1903). — **Hanström:** Das Nervensystem und die Sinnesorgane von *Limulus polyphemus*. Lunds Univ. Arsskrift, N. F. Ard. 2, **22** (1926); auch in Kungl. Fysiogr. Sällsk. Handling, N. F. **37** (1926). — **Hazelhoff** siehe **Jordan.** — **Ivanic:** Über die Lungenentwicklung bei dipneumonen Araneinen. Zool. Anz. **40** (1912). — **Janeck:** Die Entwicklung der Blättertracheen und der Tracheen bei den Spinnen. Jena. Z. Naturwiss. **44** (N. S. **37**) (1909). — **Jordan:** Die Regulierung der Atmung bei Insekten und Spinnen. Bericht über eine in niederländischer Sprache erschienene Dissertation von E. H. Hazelhoff. Z. vergl. Physiol. **5** (1927). — **Kassianow:** Die Frage über den Ursprung der Arachnoideenlungen aus den Merostomenkiemen (*Limulus*-Theorie). Biol. Zbl. **34,** p. 8—46, 108—149, 170—213, 221—247 (1914). — **Kästner:** Die vergl. anatomische Bedeutung der Interpulmonarfalte der Araneen. Zool. Anz. **58** (1924). — **Kautzsch:** Über die Entwicklung von *Agelena labyrinthica* Clerck. Zool. Jb. **28** (1909), **30** (1910). — **Kessler:** Beitr. z. Naturg. u. Anat. d. Genus *Lycosa*. Bull. Soc. Nat. Moscou (1849). — **Kishida:** *Heptathela,* a new genus of Liphistiid Spiders. Annot. Zool. Japon. **10** (1923). — **Kishinouye:** On the development of the *Araneina*. J. Coll. Sci. imp. Univ. Japan. **4** (1891). — On the development of *Limulus longispina*. Ibid. **5.** — **Krogh:** Studien über Tracheenrespiration. II. Über Gasdiffusion in den Tracheen. Pflügers Arch. **179** (1920). — **Lamy:** Rech. anat. sur l. Trachées des Araignées. Ann. Sci. Nat. Zool. (8) **15** (1902). — **Laurie:** On the morphology of the Pedipalpi. J. Linn. Soc. London, Zool. **25** (1896). — Notes on the Anatomy of some scorpions and its bearing on the classification of the order. Ann. Mag. Nat. Hist. Ser. 6, **17** (1896). — Further notes on the anatomy and development of scorpions and their bearing on the classification of the order. Ibid. **18** (1896). — **Leuckart:** Über den Bau und die Bedeutung der sog. Lungen bei den Arachniden. Z. wiss. Zool. **1** (1849). —

Mac Leod: La structure des trachées et la circulation peritrachéenne. Bruxelles Manceaux (Analysé dans Arch. zool.). — Rech. sur la structure et la signification de l'appareil respiratoire des Arachnides. Arch. de Biol. **5** (1884). — **Menge:** Über die Lebensweise der Arachniden. Neueste Schr. d. naturforsch. Ges. Danzig (1843) — **Pawlowski:** Studies on the organization and development of Scorpions. Quart. J. microsc. Sci. **70,** Part 1 (1926). — **Plateau:** De l'absence d. mouvements respiratoires perceptiles chez les Arachnides. Arch. Biol. **7** (1887). — **Purcell:** Note on the development of the lungs, entapophyses, tracheae and genital ducts in Spiders. Zool. Anz. **18** (1895). — Development and origin of the respiratory organs in Araneae. Quart. J. microsc. Sci., N. S. **54** (1909). — The phylogeny of the tracheae in Araneae. Ibid. **54** (1910). — **Savory:** The spider *Liphistius*: a study in the Biology of a primitive animal. Ann. nat. Hist. (10), 58 (1922). — **Schimkewitsch:** Etude sur l'anatomie de l'Epeire. Ann. Sci. nat. Zool. (6), **17** (1884). — Über die Entwicklung von *Telyphonus caudatus* L., verglichen mit derjenigen einiger anderer Arachniden. Z. wiss. Zool. **81** (1906). — **Schneider:** Melanges arachnologiques. Tablettes Zool. Poitiers **2** (1892). — **Schöllmeyer:** Die Biologie von *Argyroneta aquatica* mit besonderer Berücksichtigung der Atmung. Ann. Biol. lacustre **6** (1914). — **Schtschelkanowzew:** Der Bau der männlichen Geschlechtsorgane von Chelifer und Chernes. Festschr. z. 60. Geburtstage von R. Hertwig **2** (1910). — **Simon:** Histoire naturelle des Araignées. Paris (1892—1904). — **Snethlage:** Über die Frage vom Muskelansatz und der Herkunft der Muskulatur bei den Arthropoden. Zool. Jb. **21** (1905). — **Sörensen:** Sur la morphologie de l'abdomen des Araignées. Vid. Selsk. Overs. Kjöbenhavn. (1916), (1917). — **Sörensen** vgl. **Hansen** u. **Sörensen.** — **Versluys** u. **Demoll:** Erg. Zool. 5 (1922). — **Wagner:** La mue des araignées. Ann. Sci. nat. Zool (7) **6** (1888). — **Wasmann:** Beiträge z. Anatomie der Spinnen. Abh. Naturw. Ver. Hamburg **1** (1846). — **Weiß:** Untersuchungen über die Lunge und die Atmung der Spinnen. Zool. Jb. **39** (1923). — **Willem:** Observations sur la circulation sanguine et la respiration pulmonaire chez les araignées. Arch. néerl. Physiol. Ser. 3 **1** (1917).

Lebenslauf.

Am 17. Mai 1901 wurde ich, Alfred Kästner, in Leipzig-Neustadt geboren. Von Ostern 1915 bis Ostern 1921 besuchte ich das Lehrerseminar zu Leipzig-Connewitz. Im Februar 1921 bestand ich dort die Reifeprüfung und war danach als nichtständiger Lehrer an der Volksschule zu Mülsen St. Micheln bei Zwickau i. Sa. in der Zeit vom 1. April 1921 bis zum 31. Oktober 1924 tätig. Am 12. September 1924 legte ich meine Wahlfähigkeitsprüfung am Seminar zu Leipzig-Connewitz ab. Im Wintersemester 1924 bezog ich die Universität Leipzig, an der ich bis zum Ende des Sommersemesters 1927 verblieb. Meine akademischen Lehrer waren die Herren: Bachmann, Grimpe, Hempelmann, Kossmat, Meisenheimer, Ruhland, Wagler, Woltereck. Allen den genannten Herren sage ich auch hiermit meinen herzlichen Dank.

GPSR Compliance

The European Union's (EU) General Product Safety Regulation (GPSR) is a set of rules that requires consumer products to be safe and our obligations to ensure this.

If you have any concerns about our products, you can contact us on ProductSafety@springernature.com

In case Publisher is established outside the EU, the EU authorized representative is:

Springer Nature Customer Service Center GmbH
Europaplatz 3
69115 Heidelberg, Germany

Batch number: 10682323

Printed by Printforce, the Netherlands